Marte
nosso irmão enferrujado

Editora Appris Ltda.
1.ª Edição - Copyright© 2024 do autor
Direitos de Edição Reservados à Editora Appris Ltda.

Nenhuma parte desta obra poderá ser utilizada indevidamente, sem estar de acordo com a Lei nº 9.610/98. Se incorreções forem encontradas, serão de exclusiva responsabilidade de seus organizadores. Foi realizado o Depósito Legal na Fundação Biblioteca Nacional, de acordo com as Leis nos 10.994, de 14/12/2004, e 12.192, de 14/01/2010.

Catalogação na Fonte
Elaborado por: Josefina A. S. Guedes
Bibliotecária CRB 9/870

D346m
2024
	Delerue, Alberto
	    Marte: nosso irmão enferrujado / Alberto Delerue. – 1. ed. – Curitiba: Appris, 2024.
	    87 p. ; 23 cm.
	
	    Inclui referências
	    ISBN 978-65-250-5796-5
	
	    1. Marte (Planeta). 2. Planetas. 3. Ciência. I. Título.
	
	                                                                    CDD – 523.43

Appris
editora

Editora e Livraria Appris Ltda.
Av. Manoel Ribas, 2265 – Mercês
Curitiba/PR – CEP: 80810-002
Tel. (41) 3156 - 4731
www.editoraappris.com.br

Printed in Brazil
Impresso no Brasil

Alberto Delerue

Marte
nosso irmão enferrujado

Appris
editora

FICHA TÉCNICA

EDITORIAL	Augusto Coelho
	Sara C. de Andrade Coelho
COMITÊ EDITORIAL	Ana El Achkar (UNIVERSO/RJ)
	Andréa Barbosa Gouveia (UFPR)
	Conrado Moreira Mendes (PUC-MG)
	Eliete Correia dos Santos (UEPB)
	Fabiano Santos (UERJ/IESP)
	Francinete Fernandes de Sousa (UEPB)
	Francisco Carlos Duarte (PUCPR)
	Francisco de Assis (Fiam-Faam, SP, Brasil)
	Jacques de Lima Ferreira (UP)
	Juliana Reichert Assunção Tonelli (UEL)
	Maria Aparecida Barbosa (USP)
	Maria Helena Zamora (PUC-Rio)
	Maria Margarida de Andrade (Umack)
	Marilda Aparecida Behrens (PUCPR)
	Marli Caetano
	Roque Ismael da Costa Güllich (UFFS)
	Toni Reis (UFPR)
	Valdomiro de Oliveira (UFPR)
	Valério Brusamolin (IFPR)
SUPERVISOR DA PRODUÇÃO	Renata Cristina Lopes Miccelli
PRODUÇÃO EDITORIAL	Miriam Gomes
REVISÃO	Andrea Bassoto Gatto
DIAGRAMAÇÃO	Renata Cristina Lopes Miccelli
CAPA	João Vitor

Para Rafael, meu filho.

Há fortes evidências de que as populações de Marte foram dizimadas por ofensivas nucleares há muitos milhões de anos, quando praticamente não havia vida inteligente na Terra. A existência, por lá, de grande quantidade do isótopo radioativo xenônio 129, parece comprová-lo.

John E. Brandeburg
Físico, agente da Nasa

UMA PALAVRA

O planeta vermelho nunca foi um alvo fácil. Calcula-se que metade das expedições a Marte terminaram em fracasso. Um balanço que inclui missões dos Estados Unidos, Europa, China, Rússia e, mais recentemente, Emirados Árabes Unidos (sonda Hope). Em outras palavras, apenas duas dezenas delas foram inteiramente bem-sucedidas, ou seja, não foram surpreendidas por qualquer problema inesperado.

Nos anos 1990, por exemplo, quando quatro das seis missões da Nasa falharam – incluindo sondas e veículos espaciais –, nada menos de 28 tentativas tiveram problemas ou algum tipo de imprevisto, seja durante o percurso ou no pouso. O histórico atribulado da exploração marciana leva-nos a uma certeza: Marte nunca foi um alvo fácil para seus fiéis pesquisadores e estudiosos.

Após três dias na órbita marciana, em 21 de agosto de 1993, deu-se a primeira grande perda: a *Mars Observer*, lançada no ano anterior e que se perderia pouco antes de alcançar o planeta. Levava consigo uma esperança, acalentada há séculos: a detecção de água líquida no solo marciano. Cerca de seis anos depois houve outro revés, com os fracassos da *Mars Climate Orbiter* (o primeiro satélite meteorológico a orbitar outro planeta) e da *Mars Polar Lander*, ambas lançadas em 1998.

Derrotas e contratempos foram igualmente protagonizados pelos europeus. Em 2003, a *Beagle 2*, uma missão conjunta da ESA (Agência Espacial Europeia) e do Reino Unido, teve um fim melancólico: o engenho falhou ao desembarcar, quando a metade de seus painéis solares não conseguiu abrir e desdobrar-se. Era a primeira missão exclusivamente europeia e, apesar da frustração, encarada como válida pelos responsáveis pelo programa espacial europeu.

O autor

Que sou eu para um troglodita

e o que ele é para mim?

Breve irei parecer um deles

aos homens que, depois de nós, chegarem a Marte.

Estes, por sua vez, serão meros animais

para os que atingirem as estrelas:

todos são homens-macacos, em cavernas, em frágeis abrigos,

na Lua, no planeta vermelho, em qualquer lugar.

No entanto, o sonho é igual, o coração é o mesmo, e a mesma alma,

o mesmo sangue e o mesmo rosto,

esplêndidos homens-animais que tiraram o fogo

da boca de suas cavernas e colocaram-no no mundo e no espaço.

Nós somos o todo, o universo, a unidade e, como tal,
nosso destino só agora começou.

Ray Bradbury

SUMÁRIO

1
DESDE ANTES.. 13

2
METANO MARCIANO... 22

3
UM PONTO ROSADO 25

4
PEQUENO E LEVE.. 28

5
GÉLIDO E SECO... 33

6
VENTOS E TEMPESTADES 37

7
DESERTO GELADO... 45

8
CÂNIONS E VULCÕES... 50

9
VIDA EM MARTE?... 62

10
DUAS PEDRAS.. 70

INVASÃO ROBÓTICA 79

BIBLIOGRAFIA SELECIONADA.. 86

1

DESDE ANTES

Historicamente, Marte continua sendo o corpo celeste mais interessante, analisado e polêmico do Sistema Solar. Ao longo de 25 séculos, ao que tudo indica, jamais perdeu tal importância ou status. Depois que os humanos passaram a apontar lunetas para o céu, há mais de 400 anos, o planeta vermelho foi o astro que mais curiosidade despertou, o que mais intrigou e mais ocupou o tempo em observações, análises e exercícios de fantasia.

Durante séculos, esse nosso vizinho do espaço manteve-se uma espécie de permanente desafio à argúcia e à imaginação humanas. Não apenas do comum dos mortais, mas também daqueles que, com seriedade e pertinácia, pretenderam sondar-lhe o mistério, ou o seu segredo e fascínio, bem além do véu de sua cambiante atmosfera e do traçado de sua superfície. Pensadores, filósofos e homens de ciência, somados a uma imensa falange de leigos, procuraram arriscar opiniões e palpites sobre esse lendário planeta.

Muito antes do anúncio da hipotética existência de seus famosos canais, numerosas teorias foram formuladas, a maioria delas voltada para a ideia de vida inteligente por lá. O filósofo alemão Immanuel Kant não foi um exemplo isolado, embora dos mais célebres, dos que defenderam tal suposição. Em sua obra *História natural geral e teoria dos universos*, editada em 1755, escreveu: "Não há dúvida de que ambos os planetas, o nosso e Marte, constituam os laços intermediários do sistema planetário, e asseguro, com grande probabilidade de acerto, que seus habitantes constituem um meio-termo entre os extremos, no que diz respeito à Sociologia e à Moral".

Antes dele, em fins do século 17, o matemático e físico holandês Christian Huygens – o descobridor de Titã, o maior satélite de Saturno – já se referia aos habitantes de outros planetas como coisa banal ou algo mais do que uma simples esperança romântica. Em 1784, sir William Herschel, o renomado astrônomo inglês, já afirmava ter Marte "uma atmosfera capaz de permitir aos seus habitantes o desfrute de condições semelhantes às nossas, em vários aspectos". Meio século mais tarde, em 1834, o famoso matemático alemão Carl Friedrich fazia a curiosa sugestão de que nós, os terráqueos, "enviássemos um sinal aos marcianos para que eles fossem informados da nossa existência". E com humor e ironia, concluiu: "E se certificassem de que suspeitássemos da deles".

Apesar do prestígio e inquestionável autoridade dos que assumiram e defenderam tais ideias, a história da Astronomia registra que o nível de controvérsia a respeito de Marte nem sempre limitou-se aos seus aspectos mais sérios e relevantes. Ou, como costumamos dizer, ao seu viés estritamente científico. Mas a verdade é que, acima e além de toda polêmica e discussão, o planeta vermelho sempre fez e continua a fazer história. Qualquer gênero de literatura, científica ou de ficção pode comprovar isso.

Sobretudo a partir do século 19, os seus discutidos "canais" foram os responsáveis pela mais longa e acirrada polêmica da astronomia nos tempos modernos. Sobretudo após a sua descoberta, em 1877, mentes e corações passaram a dividirem-se ou aliarem-se a fim de estabelecer a verdade sobre o assunto. Uma polêmica que, ao longo de décadas, iria gerar as mais diversas e contraditórias interpretações.

Curioso é que seu responsável, o astrônomo Giovanni Schiaparelli, que supervisionava o Observatório de Brera, em Milão, na Itália, e a quem oficialmente deve-se a paternidade dos famosos "canais", jamais afirmou que a rede, por ele observada, de linhas retas, finas e às vezes duplas, a riscarem aquela superfície, fossem necessariamente artificiais.

Na época, o que ele pôde vislumbrar através de suas lentes ele denominou de *canali*, que em italiano significa canais, sulcos, fendas, ranhuras. Todo o resto, na verdade, ficou por conta do delírio e da paixão de seus contemporâneos e de tanta gente que o sucedeu. Talvez ele próprio tenha se surpreendido, como veio a demonstrar em várias passagens de seus escritos, com tudo o que foi dito e criado a partir de suas observações.

Em 1892, o astrônomo francês Camille Flammarion concluía com entusiasmo, em sua obra em dois volumes *La Planète Mars et ses conditions d'habitabilité*: "Essa rede singular de linhas retas, de milhares de quilômetros de comprimentos, só pode ser uma obra de arte; prova a existência, em Marte, de criaturas racionais, de extraordinária capacidade produtiva e inteligência muito superior à nossa".

O ponto culminante do delírio parece ter sido alcançado por Orson Welles, durante seu famoso programa radiofônico de 30 de outubro de 1938. Nele, milhões de norte-americanos acompanharam, aturdidos e em pânico, a invasão da Terra por marcianos muito mal-intencionados.

Figura 1 – Canais Schiaparelli

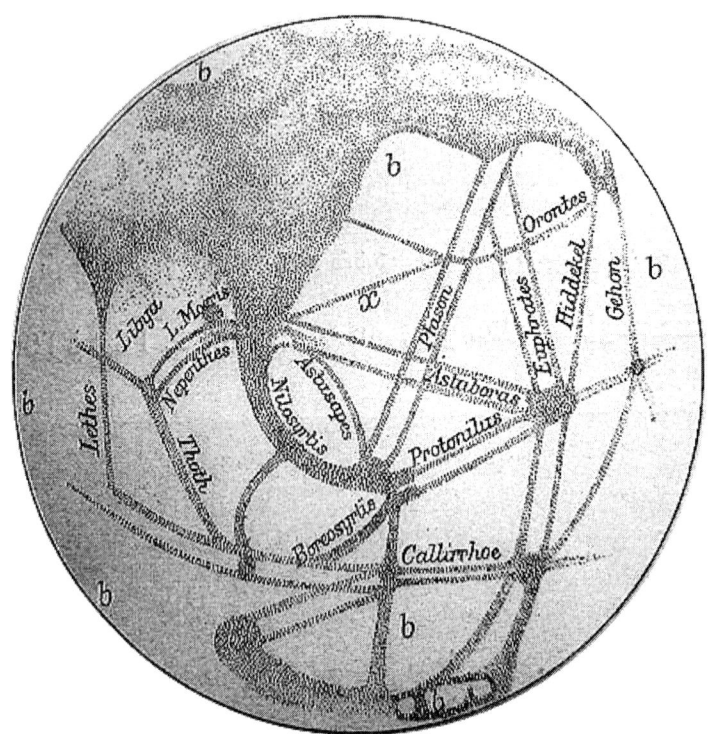

Os canais marcianos, segundo o astrônomo italiano Giovanni Schiaparelli

Em 1874, Edward Barnard, um dos maiores astrônomos de seu tempo, além de incansável observador dos céus, comentou: "Tenho observado e desenhado de modo sistemático a superfície de Marte, num trabalho bastante detalhado. Claro que não há dúvidas a respeito da existência de montanhas e imensos platôs muito elevados nesse planeta. Sendo sincero, não posso acreditar nos canais como Schiaparelli os desenhou. Alguns de seus canais não são, absolutamente, linhas retas. Melhor examinados, são muito irregulares e interrompidos em alguns trechos. Diante de tudo o que verifiquei, acredito firmemente que os canais desenhados por ele são uma falácia, o que será comprovado antes que se passem algumas gerações".

No entanto, de maneira inevitável aqueles *canali* viriam multiplicar-se na ótica e na imaginação de muita gente. Em especial, dos mais exaltados e sonhadores. A despeito do ceticismo e do espírito crítico de tantos outros, cientistas ou não, o fato é que os desenhos e a semântica de Schiaparelli resultaram num produto extravagante, em que ciência e ficção logo confundiram-se. Daí, até os homenzinhos verdes de épocas mais recentes, não foi preciso esperar muito. Afinal, como veremos mais adiante, a esperança (ou o temor?) de que haja vida inteligente fora da Terra não é algo tão novo.

Engène Antoniadi, astrônomo francês de origem turca, falecido em 1944, foi um dos mais firmes opositores da teoria dos canais artificiais marcianos. Certa vez, deixou escapar a seguinte observação: "Ao primeiro olhar, no telescópio de 32 polegadas, em 20 de setembro (1909), pensei que estivesse sonhando e examinando Marte de seu satélite exterior. O planeta apresenta uma prodigiosa e estonteante quantidade de detalhes irregulares e naturais, perfeitamente nítidos ou difusos. Logo tornou-se óbvio que a rede geométrica de canais, simples ou duplos, descoberta por Schiaparelli, era uma grosseira ilusão".

A despeito das incertezas e das acaloradas disputas, a verdade é que a teoria dos famosos canais marcianos correu o mundo. Percorreu a América e a Europa bem mais rapidamente do que a acelerada viagem orbital de seus dois pequeninos e ariscos satélites, descobertos em 1877.

O exemplo mais patético daqueles que iriam povoar Marte de uma autêntica civilização, antiga e muito adiantada, foi o do astrônomo americano Percival Lowell, falecido em 1916. Em abril de 1894, esse ex-diplomata montou em Flagstaff, no Arizona, um dos mais bem equipados observatórios do seu tempo. Mais do que isso, uma espécie de trincheira na luta por uma teoria, logo transformada, por ele mesmo, numa espécie de obsessão.

Lowell estava absolutamente convencido de que "nossos vizinhos marcianos não são, em absoluto, uma fantasia" e que Marte abrigava, de fato, "uma complexa rede de canais artificiais". Segundo ele, tratava-se de uma avançada obra de engenharia, erguida por uma civilização com certeza mais antiga e tecnologicamente mais avançada do que a nossa.

Na defesa de suas ideias, Lowell argumentou, com coragem e desassombro, que em Marte fora encontrada a solução para um problema intrincado, capaz de livrar seus habitantes de uma autêntica tragédia coletiva. O planeta estava secando – enfatizou – e foi necessária a criação de um meio de evitar a catástrofe: o transporte da água derretida de suas calotas polares por meio de gigantescos canais de irrigação. Além disso – insistiu –, as constantes mudanças de coloração detectáveis na sua superfície eram, sem dúvida, devido à sua abundante vegetação. E acrescentou, "os cinturões verdes em Marte são os responsáveis pela formação de verdadeiros oásis, a circundar extensos terrenos áridos e desérticos".

Ainda no início do século 20, a improbabilidade da existência de água em Marte era coisa aceita pela maioria dos cientistas planetários. Pelo menos, em estado líquido, acrescentavam os mais otimistas. No entanto, entre as várias objeções à ideia dos canais artificiais, uma delas era a de que não poderiam ser tão gigantescos a ponto de podermos avistá-los daqui.

Em defesa de sua tese, Lowell voltou a argumentar: "O fato fundamental é a escassez de água em Marte. Se levarmos isso em conta, veremos que muitas das objeções levantadas podem ser respondidas". E prosseguiu, com convicção: "A hercúlea tarefa de construir os canais muda imediatamente de aspecto, pois se eles foram cavados para fins de irrigação, é evidente que o que vemos, e o que chamamos de canal, não é ele, e, sim, a faixa de terra fertilizada que o margeia. Quando, aqui mesmo da Terra, observamos um canal de irrigação a uma certa distância, é sempre a faixa de verdura que se vê e não o canal em si".

Além de mares, vegetação e canais, Lowell defendeu a ideia de que Marte (tese mais tarde endossada pela moderna geologia planetária), no passado, ostentara enormes corpos de água em sua superfície, "água que desaparecera há muito tempo", afirmou. Ao retomar as suas fantasias e convicções, deixou registrado em seu diário: "Aparentemente, não foram mentes pequenas que idealizaram o sistema que vemos hoje. Sem dúvida, foram mentes de maior visão do que as que idealizaram nossos diversos departamentos de obras públicas… É bem possível que o povo marciano possua invenções com que ainda nem sonhamos… Certamente, o que vemos insinua a existência de seres mais avançados, e não mais atrasados do que nós, na jornada da vida".

Instrumentos mais modernos e sofisticados vieram provar, não muito tempo depois, que as reais condições em

Marte estavam longe de permitir o abrigo de uma civilização tal como havia imaginado Lowell. Ou de qualquer uma outra. Isso bem antes do assédio das sondas e dos robôs automáticos que, a partir dos anos 60, passariam a rastrear e desnudar o planeta. Aos poucos, aquele cenário marciano, povoado de seres avançados e inteligentes, foi se transformando numa expectativa mais cautelosa e bem menos otimista que, enfim, acabou por desmoronar a partir das pioneiras imagens enviadas pelas sondas americanas *Mariner 6 e 7*, em 1969.

Os registros transmitidos por aqueles robôs pioneiros, embora de qualidade precária, revelaram ao mundo mais detalhes de Marte do que tudo o que até então havia sido imaginado ao longo de dois séculos de especulações. Com aquelas imagens em preto e branco outra realidade descortinava-se, não mais baseada em sonhos ou delírios, mas, a princípio, em indisfarçável perplexidade. E, claro, numa enorme frustração, algo como um sonho que chegava ao fim.

Décadas depois daqueles históricos registros, muitas características do planeta vermelho ainda alimentavam uma esperança: a de que Marte pudesse reunir condições de abrigar alguma forma de vida, a mais elementar, não importa; qualquer manifestação microbiológica, capaz de justificar todo o enorme interesse que o planeta suscita, tanto para o público leigo como para a comunidade científica.

Figura 2 – Movimento oscilatório

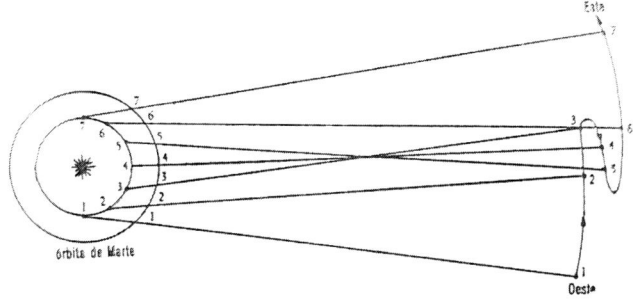

Fonte: NASA/JPL

O movimento oscilatório de Marte: girando ao redor do Sol no mesmo sentido da Terra. O planeta vizinho parece parar em sua órbita para mudar o sentido do movimento. Marte, do nosso planeta, dá-nos a ilusão de mover-se numa trajetória oscilatória.

2

METANO MARCIANO

É sabido que Marte encontra-se hoje completamente mapeado e sua estrutura morfológica bem conhecida. Isso, graças aos milhares de dados obtidos e transmitidos por robôs e satélites a orbitar o planeta. Sabemos, por exemplo, que sua atmosfera é muito rara e muitíssimo rarefeita, formada, sobretudo, de dióxido de carbono (CO_2), além de traços de nitrogênio e argônio.

A presença de metano naquela atmosfera, apesar de sua baixa concentração, é uma descoberta mais ou menos recente. E, de certa forma, desconcertante. Qual a sua origem? Sabe-se que esse gás, aqui na Terra, é eliminado do ar pelas reações químicas produzidas pela luz solar ou mesmo por manifestações climáticas, mas a sua existência em Marte? Alguma atividade desconhecida naquele mundo? Ou o metano marciano é produzido lá por micróbios no seu subsolo? Uma hipótese ousada e inquietante, sem dúvida.

Recentes pesquisas sobre a modelagem climática em Marte levam-nos a uma reflexão possível: a biosfera primitiva do planeta seria o alvo de uma autodestruição? Em outras palavras, a mudança climática naquele mundo (tornando-o inóspito e desértico), seria, de fato, o resultado de causas estranhas? A possível presença de micróbios antigos, que se alimentavam de seu hidrogênio? Uma tese, decerto, desafiadora.

Vida microbiana em Marte? Uma prova de vida passada no planeta vermelho? O rover *Perseverance*, da Nasa, lançado em fevereiro de 2021, com certeza o veículo mais sofisticado já enviado ao espaço, segue em sua coleta de dados. Suas mensagens e todo o material recolhido envolvem uma esperança. Talvez não uma prova definitiva, a ser confirmada ou não mais tarde. A cratera Jesero, uma depressão de impacto de 49 quilômetros situada ao norte do planeta é o sítio de uma esperança antiga. Antiga e polêmica.

Em fevereiro de 2005, ao percorrer a planície no interior de uma enorme cratera – a *Gusev* – o jipe-robô *Spirit*, da Nasa, detectou exóticos depósitos esbranquiçados diferentes de tudo que havia sido visto ou imaginado até então. Tais depósitos continham nada menos que sulfatos hidratados, ricos em ferro e magnésio, concentrados logo abaixo da superfície. Na Terra, esse tipo de material é encontrado onde houve evaporação de água salgada ou contato de água corrente com fluidos vulcânicos. Hoje, aceita-se que quaisquer desses processos possam ter ocorrido em Marte em épocas muitas remotas, entre 2,5 e 4 bilhões de anos.

Outra fonte possível seria a presença dos vulcões. No caso de Marte, se um deles tivesse sido responsável pelo metano, do mesmo modo deveria ter lançado enormes quantidades de dióxido de enxofre. Há suspeitas de que a atmosfera marciana contenha traços de compostos sulfúricos. Contribuições extraplanetárias? Uma suposição duvidosa, embora se saiba que a cada ano cerca de duas mil toneladas de poeira de micrometeoritos atinjam aquela superfície. Menos de 1% dessa massa é formada por carbono.

E mesmo esse material encontra-se muito oxidado, o que resulta numa fonte insignificante de metano.

Os próprios cometas tampouco seriam uma fonte a ser considerada. Esses astros errantes detêm apenas 1% de metano e, em média, atingem Marte somente uma vez a cada 600 milhões de anos. A quantidade do gás liberado seria de cerca de uma tonelada por ano, ou menos de 1% da quantidade exigida. Em resumo: a presença do metano marciano permanece mais um dos mistérios do nosso vizinho.

3

UM PONTO ROSADO

Marte é o primeiro planeta exterior à nossa órbita e o quarto em ordem de afastamento do Sol. Girando ao redor deste numa órbita elíptica, o planeta vizinho atinge sua máxima aproximação da Terra a intervalos de 15 a 17 anos. Aí, então, alcança uma distância mínima da Terra de cerca de 70 milhões de quilômetros. Mas, a intervalos bem menores, ou seja, a cada dois anos, ambos os planetas ficam praticamente alinhados num mesmo lado do Sol. São as chamadas oposições periélicas, as quais, sem dúvida, oferecem as melhores condições de observação.

Nessas ocasiões, além de acharem-se no mesmo lado do Sol, a Terra encontra-se no máximo afastamento dele (afélio) e Marte, ao contrário, na sua maior aproximação (periélio). Quando isso ocorre, a distância entre ambos chega a menos de 60 milhões de quilômetros. E foi bem numa ocasião semelhante que há mais de um século Schiaparelli percebeu e registrou os misteriosos traçados naquela superfície.

À vista desarmada e, em especial, por meio de instrumentos, a observação de Marte sempre foi uma experiência fascinante. Em certas épocas, quando o planeta mais se avizinha de nós, é possível identificá-lo no céu como um objeto brilhante e inequivocamente avermelhado. No entanto, para muitos observadores, mesmo aqueles que dispõem de aparelhos mais sofisticados, Marte costuma reservar surpresas desagradáveis. As queixas mais frequentes são as de que as imagens nem sempre são nítidas ou claras de forma satisfatória. A opinião quase unânime é de que, exceto em situações muito excepcionais, a imagem do planeta, com o uso das oculares, é quase decepcionante.

Com pequenos aumentos, Marte surge como um diminuto disco ocre rosado. Às vezes é até possível distinguir-lhe a calota polar, de uma alvura acentuada, que forma um vivo contraste com o restante da superfície. Com instrumentos mais potentes é que o planeta deixa-se desvendar um pouco mais. Aí, então, podemos distinguir alguns borrões em sua superfície, de aspecto e dimensões que variam com certa regularidade. As mesmas marcas que, no passado, tanta dor de cabeça causaram aos seus observadores e analistas.

Uma das mais notáveis dessas manchas denomina-se *Syrtis Major*, registrada pela primeira vez por Christian Huygens, em 1659. Acreditando que fosse uma vasta acumulação de água, o astrônomo holandês deu-lhe o nome de "Grande Pântano". De formato nitidamente triangular, essa marca superficial verde-azulada situa-se próxima à região equatorial e é bem mais escura que as demais. Até há pouco tempo, muitos astrônomos continuavam a acreditar que *Syrtis Major* representava um extenso oásis em pleno deserto marciano. Hoje sabemos que tais estruturas correspondem a acidentes geologicamente permanentes naquela superfície.

Em sua lenta e aprisionante jornada ao redor do Sol – um bilhão e 300 milhões de quilômetros a cada giro –, o planeta já esteve, como vimos, diversas vezes muito próximo de nós. Em setembro de 1956, por exemplo, durante uma oposição periélica privilegiada, acercou-se apenas 65 milhões de quilômetros da Terra. Em 1971, essa distância encurtou: pouco mais de 57 milhões de quilômetros. O ano de 2003, em fins de agosto, marcou um novo recorde: Marte atingia uma de suas maiores aproximações do novo século. Sua distância da Terra, na época, foi de cerca de 55 milhões de quilômetros. Esse vai e vem acontece de 26 a 26 meses, sempre que a Terra ultrapassa Marte em seu movimento de translação em torno do Sol.

Uma vez que se trata de um planeta exterior, ou seja, que circula além da Terra, Marte apresenta-nos apenas fases gibosas – crescentes e minguantes convexos –, exceto quando se encontra em conjunção ou oposição.

4

PEQUENO E LEVE

A alteração da velocidade orbital dos planetas, sempre relacionada com suas distâncias ao Sol (Segunda Lei de Kepler), diz-nos que Marte move-se mais rapidamente próximo ao periélio, ocasião em que atinge sua máxima velocidade: 26 quilômetros por segundo. Como qualquer outro planeta, Marte também possui um plano orbital próprio. Sua órbita é um pouco excêntrica se comparada à dos demais planetas, exceto Mercúrio e o longínquo e rebaixado Plutão. Durante os últimos 35 mil anos, a órbita marciana foi ficando um pouco mais excêntrica por causa dos efeitos gravitacionais dos demais planetas.[1]

O equador marciano é um tanto mais inclinado do que o nosso – cerca de 1 grau em relação à eclíptica. Uma vez que o eixo marciano também está inclinado – 25 graus –, isso significa que em Marte também existe um ciclo de estações como na Terra. Mas a excentricidade da órbita marciana é maior, o que acarreta diferenças entre a estação mais longa e a mais curta.

Em concordância com a Terceira Lei de Kepler,[2] o ano marciano é bem mais longo do que o nosso. Marte leva 687 dias terrestres para completar cada volta em torno do Sol, no

---

[1] As distâncias entre Marte e o Sol variam de um mínimo de 208 milhões de quilômetros, no periélio, para um máximo de 250 milhões de quilômetros, no afélio.

[2] O quadrado do período orbital de um planeta é proporcional ao cubo da sua distância média ao Sol.

que implica que cada estação naquele planeta é duas vezes mais longa do que aqui, além de uma acentuada diferença de temperatura entre o verão e o inverno. A duração da rotação de Marte foi determinada com bastante precisão por Domenico Cassini, que em 1666 calculou ser de 24 horas e 40 minutos. Portanto o dia marciano é apenas 40 minutos mais longo do que o nosso.

Em comparação com a Terra, Marte é pequeno e leve; nosso vizinho mede pouco mais da metade do diâmetro terrestre. Sua superfície é apenas ligeiramente menor do que a área total de terra firme do planeta Terra. O primeiro mapa detalhado da superfície marciana, obtido por meio da sonda *Mars Global Surveyor*, mostra que o planeta está longe de ser uma esfera perfeita e que existe uma diferença de 20 quilômetros entre o raio do equador e o dos polos. Embora duas vezes mais maciço do que Mercúrio, Marte tem apenas um décimo da massa do nosso planeta e 15% de seu volume. Dos planetas terrestres, Marte é o terceiro em tamanho – sua superfície espalha-se por uma área de 149 milhões de quilômetros quadrados.

Marte tem um campo gravitacional três vezes mais fraco do que o terrestre. Uma criatura humana pesando 70 kg, numa balança na superfície marciana pesaria pouco mais de 26 kg. Isso significa que, em teoria, qualquer ser humano poderia saltar três vezes mais alto naquele planeta do que na Terra. Por ser sua densidade média bastante fraca – não chega a 4 gramas por centímetro cúbico –, a velocidade de escape em Marte equivale a menos da metade da terrestre, ou seja, 5 quilômetros por segundo. Isto é, qualquer objeto lançado a essa velocidade escapuliria daquele planeta para nunca mais voltar (não é difícil imaginar que se em Marte algum dia existiu um manto atmosférico semelhante ao nosso, ele teria desaparecido há bilhões de anos, ou seja, ainda na infância do planeta).

Devido à sua lenta rotação, Mercúrio, Vênus e a Lua são corpos quase perfeitamente esféricos. O mesmo não acontece com a Terra e Marte, que giram bem mais rápido em torno de seus eixos. No caso marciano, a velocidade orbital é 130 vezes maior do que em Vênus – o mais lento dos planetas – e quase o dobro da terrestre. Marte e a Terra são, portanto, mundos achatados nos polos.

Até a chegada e a análise dos dados enviados pela sonda *Mars Global Surveyor*, a partir de setembro de 1997, acreditava-se não haver qualquer vestígio de um cinturão de radiação em Marte. No entanto, no final do ano 2000 foram observadas rochas magnetizadas naquela superfície. Na época, uma descoberta inesperada e meio casual. Seria a prova de que Marte já teve um campo magnético como o da Terra? Um interior derretido? Tais descobertas indicam que sim, que outrora o planeta vermelho tinha um autêntico campo magnético e talvez bem semelhante ao nosso. Em outras palavras, Marte já teve um núcleo derretido como o terrestre e, para surpresa e espanto dos especialistas, há fortes razões para que, enfim, acredite-se que o planeta já teve uma tectônica de placas.

Tudo isso parece mudar a concepção que se tinha do passado geológico marciano. O tectonismo, hoje sabemos, está diretamente ligado à atividade vulcânica; o processo dá-se à medida que as placas rasgam, consomem e regeneram a crosta com o interior derretido do planeta. Tal processo, aqui no nosso mundo, envolve a água.

Existem, é claro, diferenças significativas entre a tectônica de placas na Terra[3] e em Marte. Nós ainda a temos e esse fenômeno geológico agita de modo drástico a nossa superfície. Ninguém sabe por que em Marte ela sumiu, seguramente há bilhões de anos. Hoje, fazemos uma analogia: as condições atuais de Marte remetem-nos ao futuro distante da Terra. Sabemos que o nosso estoque de energia acabará se dissipando, o que implica que o nosso campo magnético, como o do planeta vermelho, também acabará. A Terra encontra-se bem mais próxima do Sol do que Marte e sem a proteção oferecida por um campo magnético a radiação da nossa estrela bombardeará a nossa superfície de maneira impiedosa.

O campo magnético marciano, bastante débil, parece indicar que o planeta tem um núcleo metálico não muito grande, o que não exclui a possibilidade de ser ele bastante denso e rico em ferro, e bem provável sob a forma metálica e sulfúrica. Alguns modelos sugerem que o núcleo marciano esteja compreendido entre 10% e 20% da massa total do planeta.

Ao contrário do que ocorre na Terra, nenhuma formação geológica marciana parece ter tido origem no tectonismo, uma vez que a crosta do planeta não está dividida em placas como a terrestre. No caso de Marte, ao que tudo indica, o esfriamento do planeta e o consequente aumento da espessura da sua crosta superficial vão contra uma evolução por tectonismo. Isso indica que geologicamente, Marte tenha evoluído como um planeta de placa única. Suas características são endógenas (emergência de material

---

[3] Nossa superfície é composta de placas que se sobrepõem, cobrindo o interior derretido. Essas placas chocam-se e atritam-se continuamente, dando origem a terremotos, vulcões e cordilheiras ocultas sob os nossos oceanos.

magmático do manto e vulcanismo) ou exógenas (geradas pelo impacto de meteoritos, que fundiram a crosta).

São as correntes causadas pelo resfriamento e pela rotação do núcleo metálico líquido dos planetas que criam os seus campos magnéticos. Em princípio, a opinião dominante era que isso não existia em Marte. Ninguém sabia porque, nem o que tal ausência significava. Agora sabemos que Marte apresenta anomalias magnéticas, ou seja, intensos campos magnéticos congelados na crosta, oriundos de uma época anterior, em que o núcleo marciano ainda era quente e girava. Como o dínamo que fornecia energia ao planeta já se extinguiu, esses campos magnéticos globais agem como fósseis, preservando um registro da história geológica e térmica de Marte.

A sonda InSight, da Nasa, em atividade no planeta até 2018 (foi silenciada depois de quatro anos de operações), fez uma descoberta interessante: o núcleo de Marte é maior e menos denso do que se imaginava. Por meio da energia sísmica emitida (na época, o primeiro tremor de terra captado em Marte), aquele engenho automático investigou as profundezas do planeta e mostrou que o núcleo marciano é de cerca de metade do núcleo da Terra. Além do ferro e do enxofre, tudo indica que a camada mais profunda do planeta deve conter elementos mais leves, como o oxigênio.

5

GÉLIDO E SECO

Como vimos, Marte encontra-se uma vez e meia mais afastado do Sol do que a Terra. Isso significa que ele recebe apenas 43% da luz que nos atinge. Assim, não devemos estranhar que seja bem mais frio. Depois de algumas décadas de especulações, hoje em dia conhecemos com razoável exatidão as temperaturas de sua superfície.

A média anual é bem mais baixa do que a terrestre, variando de 100 graus Celsius negativos nos polos, a 20 e 40 graus Celsius negativos no equador e nas latitudes médias. De maneira geral, os termômetros em Marte oscilam entre 140 graus negativos a 27 graus positivos. Ao contrário de Vênus e suas nuvens densas e contínuas (responsáveis pelo maior albedo do Sistema Solar), Marte reflete apenas 15% da luz que recebe do Sol. O fato, claro, não deve constituir surpresa, uma vez que a atmosfera marciana é bem mais rarefeita que a venusiana ou a nossa.

As conclusões sobre a composição, a temperatura e a densidade da atmosfera marciana são mais ou menos recentes, embora a aceitação da existência de uma camada gasosa a envolver o planeta date de muito tempo. Em 1784, William Herschel já fazia referência a uma "respeitável atmosfera marciana". Nos idos de 1965, a sonda americana *Mariner 4* provaria que essa atmosfera é muito mais tênue do que se imaginava. Hoje, sabemos que ela tem menos de um centésimo da densidade da atmosfera terrestre.

Em Marte, essa tênue capa gasosa contém cerca de 50% de gás carbônico, a que se somam traços de nitrogênio e argônio, além de uma pequena quantidade de vapor de água. Em geral, admite-se que uma atmosfera consideravelmente densa e quente tenha se formado desde cedo naquele planeta, portanto é razoável admitirmos que, na sua infância, Marte tenha perdido boa parte de seu hidrogênio inicial pela ação da radiação solar. Da mesma forma, tudo indica que no início da sua evolução, a atmosfera marciana era composta por grande quantidade de água. Esse elemento com certeza condensou a partir do esfriamento da superfície, um processo que deve ter provocado verdadeiros dilúvios por lá.

A atmosfera marciana é bem menos densa do que a de qualquer outro planeta. Se comparada com a da Terra, é uma centena de vezes mais rarefeita, ou seja, é bem fina. Marte deve ter perdido a sua magnetosfera há bilhões de anos. Apesar de todas essas circunstâncias, o planeta vermelho ainda consegue suportar drásticas mudanças climáticas, reter vários tipos de nuvens e seu violento regime de ventos.

Embora a atmosfera marciana seja constituída de diferentes tipos de nuvens, algumas de cristais de gelo, outras de poeira fina, ela não contém gases capazes de reter significativa quantidade de calor. O resultado disso é o desperdício de grande parte da radiação proveniente do Sol.

Ao contrário do que ocorre na Terra e, sobretudo, em Vênus, o efeito estufa em Marte é desprezível. Some-se a isso o fato de o clima marciano ser muito seco, fazendo com que a débil irradiação diurna escape com facilidade. As mudanças de temperatura entre o dia e a noite e de uma estação para outra são do mesmo modo bem acentuadas por causa do ressecamento e da rarefação daquela atmosfera.

As modernas observações radiométricas de Marte conduzem a várias e significativas conclusões sobre as temperaturas na superfície. Já sabemos, por exemplo, que o hemisfério sul é mais quente que o norte e que, com a chegada do verão, a temperatura eleva-se de repente em ambos os hemisférios. Detalhe importante: as temperaturas máximas no hemisfério sul verificam-se cerca de um mês mais tarde na época do verão (solstício), da mesma maneira que no nosso planeta. No equador marciano, a média de temperatura ao amanhecer é de 40 graus Celsius negativos. Os termômetros sobem até o meio-dia e chegam perto dos 7 graus negativos. A partir daí, até o anoitecer, a temperatura volta a cair e novamente despenca para os 40 graus abaixo de zero.

Como vemos, trata-se de um clima bastante rigoroso para os nossos padrões. Mas, ao contrário dos demais planetas terrestres – excetuando-se a Terra, é claro –, não chega a ser insuportável. A temperatura média marciana oscila, pois, entre 50 e 60 graus Celsius abaixo da nossa. Sua variação anual chega a 100 graus negativos nas regiões polares, 50 graus negativos nas zonas temperadas e 30 graus negativos nos trópicos.

Uma pergunta recorrente: qual seria a temperatura do solo marciano abaixo da superfície? Admitindo tratar-se de um terreno uniformemente arenoso, podemos estimar que aquele subsolo esteja sempre a zero grau.

De acordo com dados mais recentes, estima-se que exista por lá, em certas regiões, uma considerável quantidade de água sempre congelada. Na Terra existe esse tipo de água, escondida no subsolo das nossas regiões polares – o *permafrost*. Dependendo das condições locais e também da época do ano, deve existir o mesmo em Marte, provavelmente constituído de uma fina camada de alguns milímetros de espessura. Muitos cientistas concordam que o *permafrost* marciano seja formado de gelo carbônico e não de água. Isso explicaria melhor os múltiplos deslizamentos que ocorrem no planeta, assim como a própria formação de seus cânions e terrenos caóticos. Sabe-se que o gelo carbônico funde-se a uma temperatura mais baixa do que a água.

A ideia da existência de *permafrost* em Marte também baseia-se no exame das características de suas várias crateras de impacto. Lá, os detritos (ejetos) não apresentam, como na Lua ou em Mercúrio, um desenho de raias, mas um derrame radial, identificável de maneira muito fácil como um extenso lençol de lama escorrida. Tais formações dificilmente existiriam na ausência de água congelada e armazenada no subsolo.

6

VENTOS E TEMPESTADES

Hoje em dia não há oceanos em Marte, mas, com razoável margem de certeza, podemos afirmar que, no passado, há cerca de 4 bilhões de anos, o planeta não era esse deserto seco e árido que conhecemos. Ao contrário, era úmido e tinha muita água. Estima-se que lá existiam rios e mares com água suficiente para cobrir toda aquela superfície. É bem provável que o líquido tenha se formado e contribuído para a formação de um oceano de pode ter ocupado metade do hemisfério norte do planeta. Como esse elemento desapareceu e quanto desse líquido pode ter se transformado em gelo ainda é fruto de muita controvérsia.

Inúmeros indícios apontam-nos que o planeta vermelho tinha uma atmosfera densa como a terrestre e que já foi bastante úmido. Ninguém sabe por que o ar marciano começou a ficar cada vez mais rarefeito, nem a razão do sumiço da sua atmosfera. Hoje, daquele remoto cenário só restaram calotas polares e placas de gelo enterrados num planeta desértico e gélido.

O radar e a espectrofotometria indicam-nos que a altitude média de Marte – em relação ao seu raio médio – é de 2 mil metros. Sua pressão atmosférica é muitíssimo baixa, cem vezes inferior à da Terra – alcançando 10 milibares nas profundezas de seus gigantescos cânions (na Terra representa a densidade do ar a 30 mil metros de altitude). Em tais condições, a presença de água em estado líquido é sempre uma questão a ser considerada.

A princípio, só seria imaginada não na superfície, mas dezenas ou centenas de metros abaixo dela. Por outro lado, há fortes indícios de que, ao longo do tempo, grande quantidade de vapor de água foi escapando da atmosfera marciana. Isso significa que, no passado, a pressão naquela superfície poderia ter atingido várias dezenas de *bars*. Com certeza, tais níveis teriam sido suficientes para alimentar um efeito estufa bem mais acentuado do que o atual e, quem sabe, gerado uma temperatura que teria permitido ao planeta a abundante existência de água em estado líquido.

Tal questão, ainda hoje, é um dos temas mais polêmicos ligados à história de Marte. Se, de fato, existiu água líquida e corrente naquela superfície, qual foi o seu destino? É lícito supor que parte dessa água escapou para o espaço. Atualmente, calcula-se que significativa quantidade de água marciana encontre-se represada no subsolo, numa mistura de rochas trituradas e gelo.

Compreender a história da água em Marte é fundamental para, além de meras especulações, possamos descobrir se formas de vida (e quais) podem ter se desenvolvido naquele planeta.

No início da formação do sistema solar estima-se que Marte e a Terra tiveram um nascimento bem parecido: vieram da mesma nuvem de gás e poeira e tinham atmosferas e superfícies idênticas. Mas tudo mudou no planeta vermelho e até o momento não sabemos a razão.

O que, de fato, aconteceu com o nosso vizinho do espaço? Há especulações diversas e variadas. Algumas, à beira do delírio, e outras simpáticas; por exemplo, a modelo da teoria da conspiração: teria sido Marte, em seu passado remoto, alvo de um conflito atômico?

Em Marte há ventos quase constantes, embora moderados, o que não impede que em determinadas épocas o planeta seja literalmente varrido por verdadeiras tempestades de poeira, que podem durar semanas ou até meses. Em geral, essas tormentas acontecem no verão e no hemisfério sul, quando Marte encontra-se no periélio e sua baixa atmosfera fica mais aquecida. Nessas ocasiões, a velocidade dos ventos chega a atingir 500 quilômetros por hora, o que faz com que se levantem gigantescas nuvens de poeira a 50 ou 70 mil metros de altura (a grande tempestade de 1972, iniciada no hemisfério sul marciano, cobriu completamente o planeta durante várias semanas).

Tais fenômenos são os responsáveis pelo obscurecimento da paisagem marciana vista da Terra, ocasião em que Marte apresenta-se sob um véu amarelo-ocre ou cor de ferrugem. Essa coloração é o resultado da significativa quantidade de ferro entre os inúmeros componentes do seu solo. Um chão que, ao longo do tempo, foi se transformando após os milenares e complexos processos de alteração da composição química daquela superfície.

A origem dos famosos furacões em Marte (um ciclo quase contínuo) ainda não está bem explicada. A teoria mais aceita sustenta que eles são o resultado do brutal choque de duas massas de ar, a polar e a equatorial. Há pouco tempo, alguns especialistas aventaram a hipótese de que tais tempestades de areia sejam provocadas pela intensa decomposição de gás natural – gás sólido –, um composto cristalino de moléculas de água e gás criado a partir de certas condições de temperatura e pressão.

O período de rotação de Marte e sua inclinação axial são quase os mesmos verificados na Terra. Assim, foi possível a explicação das principais características da meteorologia marciana, pelo menos da sua circulação atmosférica. As espirais nebulosas, por exemplo, observadas primeiramente a partir das imagens transmitidas pela *Viking 1* e *Viking 2*, colocam-se sempre nas áreas de transição entre as regiões polares e as tropicais, o que permite a indicação da frente das correntes polares. Tal mecanismo, aliás, pode ser encontrado na Terra, o responsável pela formação dos nossos ciclones extrapolares.

Observa-se em Marte, em especial no inverno, a formação de condensações acima de suas calotas polares. O mesmo, porém, não acontece no verão, época em que essas condensações são encontradas apenas nas regiões mais elevadas.

O planeta encontra-se praticamente todo coberto por formações de nuvens, dos mais diversos tipos: dos cirros às brumas geladas. Durante o inverno seus polos ficam cobertos por uma espécie de bruma, formada de cristais de água misturados com a poeira em suspensão – os capuzes polares. Tais nuvens polares estendem-se até as médias latitudes e foram as causas do escurecimento do céu marciano, a princípio registrado pela *Viking 2*, em 1976.

Embora similares às terrestres, as nuvens marcianas têm uma estrutura bem mais simples. Lá, por exemplo, não existem estruturas de condensações semelhantes aos densos cúmulos terrestres e podemos encontrar nuvens de convecção, resultado do movimento ascendente das camadas atmosféricas aquecidas pela radiação proveniente do solo. No geral, essa camada de nuvens fica situada entre 4 e 6 mil metros acima da superfície.

Também existem formações de nuvens orográficas, reveladas com muita nitidez pelas imagens das *Vikings*. Essas nuvens estão associadas aos relevos geográficos marcianos. A região de Marte mais marcada pela presença desse tipo de nuvens é a do planalto de *Tharsis*, onde encontramos os maiores vulcões do planeta.

A meteorologia marciana apresenta, ainda, um dos fenômenos mais impressionantes, observado até mesmo daqui, por meio de telescópios: a formação de um conjunto de nuvens brancas, de caráter sazonal, verificada nas horas vespertinas, em torno dos quatro gigantescos vulcões da região de *Tharsis*.

Essas nuvens são bastante delgadas e situam-se em altitudes bem elevadas. Às vezes, chegam a flutuar alguns quilômetros acima do topo daquelas imponentes montanhas vulcânicas. A origem orográfica desse tipo de condensação deve-se ao ar quente que esfria e eleva-se ao longo da encosta dos vulcões, ocasião em que o vapor de água condensa-se.

A *Viking 2* confirmou a presença, pela primeira vez, de geadas naquele planeta. Na verdade, essa característica já era conhecida há muito tempo. William Herschel, no século 18, já desconfiava da sua existência. Trata-se de uma delgada camada transparente, que se deposita sobre o solo e sobre as rochas marcianas. Esse finíssimo manto de gelo mantém-se durante uma ou duas centenas de dias e espalha-se, sobretudo, nas altas latitudes do planeta, a partir dos polos. Acredita-se que as partículas de poeira da atmosfera marciana recolham fragmentos de água em estado sólido.

Em princípio, considerando-se a baixa pressão do ar, essa combinação teria peso suficiente para baixar até o solo, porém o dióxido de carbono gelado adere às partículas, fazendo com que toda a mistura desça e transforme-se em orvalho congelado. Durante o dia, a radiação solar evapora o dióxido de carbono sólido, devolvendo-o à atmosfera, fazendo com que permaneçam no solo apenas o gelo de água e a poeira.

O inverno em Marte dura o dobro do nosso – tal como o ano marciano – e não é exatamente igual. Até o momento não está claro se, de fato, chega a nevar por lá. Por vezes, gelo de água e dióxido de carbono precipitam-se naquela atmosfera rarefeita, algo parecido com o que conhecemos como um nevoeiro que vai se acumulando.

Naquele planeta, os indícios de umidade continuam a aparecer e são essas pistas que levam à crença de que em um passado remoto, a água em estado líquido pode ter coberto vastas áreas dele. Alguns cálculos apontam um período de até 1 bilhão de anos. No entanto quaisquer esforços para explicar como o clima marciano algum dia permitiu tais condições favoráveis até o momento não deu em nada.

Hoje, muitíssimo frio e seco, Marte, sem dúvida, teve necessidade de uma considerável atmosfera de estufa para possibilitar seu passado úmido. Uma espessa camada de dióxido de carbono, que retinha o calor dos vulcões, com certeza envolveu o jovem planeta. No entanto os atuais modelos climáticos marcianos indicam que apenas o CO_2 não poderia ter evitado o congelamento daquela superfície.

A recente e surpreendente descoberta de que minerais de enxofre espalham-se por aquele solo tem levado especialistas a suspeitar de que o CO_2 teve um parceiro de calor: o dióxido de enxofre SO_2. Esse elemento é um gás comum, lançado na atmosfera quando os vulcões entram em erupção, uma ocorrência, ao que tudo indica, bastante frequente quando Marte ainda era jovem.

As primeiras observações das calotas polares marcianas datam da segunda metade do século 17. Hoje em dia elas são bastante familiares aos nossos cientistas, talvez mais do que as terrestres. Lá, elas apresentam variações periódicas de espantosa regularidade, ora mais, ora menos extensas, dependendo das estações nos respectivos hemisférios.

Durante o inverno, essas imensas capas de gelo carbônico e de gelo de água – e provavelmente a mistura de ambos – chegam a ocupar várias áreas. Cobrem cerca de 10 milhões de quilômetros quadrados e representam meio caminho entre o polo e o equador marciano. Calcula-se que a água contida na calota polar sul, se pudesse ser distribuída sobre todo o planeta, formaria um oceano de 15 a 20 metros de profundidade.

Com a aproximação do fim do inverno e a chegada do verão, as calotas marcianas vão encolhendo. Tal fenômeno, válido para ambos os hemisférios, decerto ocorre devido aos processos de condensação e sublimação do dióxido de carbono. Tais fluxos e refluxos deixam em seu rastro inúmeras manchas escuras, que da mesma forma deslocam-se, sob diferentes tonalidades, dos polos até o cinturão equatorial. Essas ondas de escurecimento juntam-se às áreas que costumam ser escuras, acentuando ainda mais o contraste com as zonas desérticas, que permanecem praticamente inalteráveis.

Fato curioso é que as calotas polares marcianas parecem formadas de camadas sobrepostas, estratificadas, o que constitui mais um quebra-cabeça para os estudiosos. Na verdade, ninguém sabe bem o que isso significa. Alguns especialistas admitem que essas camadas em degraus sejam o resultado de pequenas oscilações no ciclo climático de Marte. Tais variações resultariam num degelo parcial seguido de um congelamento também parcial (observações da sonda *Mars Global Surveyor* mostraram que nos últimos tempos, parte da calota polar sul tem derretido). Processo de um aquecimento global em Marte? É possível. Por outro lado, esses ciclos podem ter ocorrido por um período longo da história do planeta. As atuais marcas das calotas seriam, então, a sua clara evidência.

Outra interessante característica dessas imensas capas de gelo é que não estão centradas nos polos. A calota austral, por exemplo, encontra-se deslocada cerca de 400 quilômetros do eixo de rotação do planeta, dificilmente ultrapassando 80 graus de latitude. Em contrapartida, a calota polar do hemisfério norte – cinco vezes mais extensa – encontra-se sempre mais centrada, apresentando arcos radiais, alguns bifurcados, a partir do polo. Ainda não se sabe a espessura do gelo, mas pode-se admitir que ela varie entre uma centena e até mil metros.

7

DESERTO GELADO

Em 1976, sete anos após a chegada do primeiro homem à Lua, a sonda americana *Viking 1* pousou em Marte, no dia 20 de julho. Dois meses depois, em 3 de setembro, foi a vez da *Viking 2* descer em solo marciano, a 7.400 quilômetros de distância da sua irmã gêmea. Depois de muita dúvida e hesitação do pessoal da Nasa, as regiões escolhidas foram, respectivamente, *Chryse Planitia* e *Utopia Planitia*.

Em meio ao impacto da façanha, os cientistas puderam, enfim, conhecer de perto muitos aspectos e características da superfície e baixa atmosfera de Marte. E as surpresas não foram poucas. Instalados a bordo dos robôs espaciais, as telecâmeras e os laboratórios automáticos começavam a rasgar o véu de mistério que envolvera Marte durante séculos.

Não havia dúvidas de que aquelas primeiras imagens, transmitidas diretamente da superfície, mexeram com a capacidade dos homens de compreenderem e interpretarem aquele estranho mundo. O mito marciano, como vimos, começava a desmoronar, para tristeza de uns e surpresa de outros.

Observado in loco, o panorama marciano mostrou-se parecido aos desertos de pedra e cascalho encontrados na Terra. Em *Chryse Planitia*, por exemplo, a paisagem descortinava um tanto acidentada e de cor acentuadamente ocre. As primeiras fotografias revelaram a existência de vários blocos de rochas de diferentes tamanhos, espalhados em meio a terrenos desérticos e pequenas dunas. Uma primeira e surpreendente aproximação mostrou um grande acúmulo de material fino na base das rochas, o que evidenciou um indiscutível processo de erosão eólica.

Mas nem toda a extensão daquela superfície revelou-se coberta de poeira. Alguns trechos do solo, ao alcance das câmeras, mostraram-se nitidamente compactos, como se vitrificados, possivelmente devido à formação de uma espécie de crosta de sais minerais. Seria o resultado provável da evaporação da água do solo? Uma questão desafiadora, sem dúvida.

As naves Viking 1 e Viking 2 da Nasa foram os primeiros artefatos humanos a pousar naquele solo. Um feito que, à época – junho de 1976 – marcou para sempre a história da exploração do planeta vermelho. A primeira pousou na encosta ocidental de Chryse Planitia, enquanto a segunda ficou concentrada na região de Utopia Planitia. Uma das grandes surpresas que encerraram tal feito foi a descoberta de química inesperada e enigmática naquele solo.

Em *Utopia Planitia*, os terrenos eram ainda mais acidentados do que em *Chryse Planitia*. Um verdadeiro deserto apinhado de rochas. As imagens mostraram, aqui e ali, campos um pouco ondulados ou atravessados por ligeiras depressões, o resultado viável do ressecamento ou de ciclos alternados de congelamento e degelo do solo.

A análise da superfície do solo deixava claro que nos dois sítios, separados por milhares de quilômetros, havia a mesma composição química. O que ficou evidenciado foi a diferença em relação às rochas e aos minerais encontrados na Terra. Comparadas com as terrestres, as rochas marcianas parecem muito mais ricas em ferro hidratado, cálcio, enxofre e magnésio, embora mais pobres em potássio, silício e alumínio.

Tabela 1 – Composição do solo marciano (%)

Elemento	Solo marciano	Solo terrestre
Oxigênio	50,1	46,60
Silício	20,9	27,70
Ferro	12,7	5,00
Magnésio	5,0	2,10
Cálcio	4,0	3,60
Enxofre	3,1	0,05
Alumínio	3,0	8,10
Cloro	0,7	0,02
Titânio	0,5	4,40

Fonte: NASA/JPL

7.1 COMPOSIÇÃO DO SOLO MARCIANO

O solo marciano, a exemplo do nosso, também é composto de silicatos, ou seja, combinações de silício e oxigênio com vários metais (na Terra, mais de 70% do solo é formado por silício e oxigênio; esse percentual em Marte é um pouco maior). A partir dos dados recolhidos, ficou evidente o alto teor de ferro em Marte. Calcula-se que 80% daquele solo seja composto de uma argila rica em ferro, em forma de limonita, o que explica o aspecto ferruginoso do planeta. Os dados do passado e os mais recentes revelaram ainda outra curiosidade: a existência de materiais magnéticos – óxidos de ferro, magnetita e hematita, ou compostos metálicos de ferro e níquel, o mesmo material de que são formados alguns tipos de meteoritos.

A sonda norte-americana *Phoenix*, lançada em 4 de agosto de 2007 (seu objetivo era a busca de água na região do polo norte marciano), rastreou aquele solo e nele encontrou, próximo ao polo norte, sinais de percolato, um tipo de sal comum no deserto chileno de Atacama. A descoberta desse oxidante, membro de uma classe de substâncias que costumam ter efeito corrosivo em outros materiais, foi uma grande surpresa, ainda mais se considerarmos os resultados anteriores, que indicavam uma considerável semelhança entre o solo marciano e o terrestre. Não apenas por isso, mas porque tal descoberta voltava a reacender a mais ambiciosa e recorrente questão: afinal, existe vida por lá?

A inesperada presença dessa substância em Marte levanta a possibilidade – na verdade, nunca descartada – da existência de água em estado líquido no planeta vermelho e, em decorrência, a alta probabilidade da existência de bactérias e outros micro-organismos naquele solo ou subsolo (sabe-se, no entanto, que a baixa pressão atmosférica marciana faz com que qualquer líquido, se existir, evapore muito depressa).

Já nos anos 1970, as *Vikings* haviam detectado um forte efeito oxidante naquela superfície, o que levou muitos pesquisadores e cientistas planetários a inúmeras especulações.

A mais relevante delas – e curiosamente a menos otimista – era a de que o ambiente em Marte seria inóspito demais para suportar a vida, pelo menos na superfície.

A descoberta da *Phoenix* levou-nos a lembrar de que os percolatos são uma classe de oxidantes diferentes e muito estáveis e que não destroem a matéria orgânica (ao contrário, muitas espécies vivem neles no nosso mundo, entre elas, arbustos e cactos e até alguns tipos de répteis e roedores). Alguns chegam a ter propriedades anticongelantes, o que reforça a permanente esperança da existência de água líquida por lá.

Dados da sonda Mars Global Surveyor, enviados a partir de 1997, indicaram que a crosta marciana tem uma espessura média de cerca de 80 quilômetros no hemisfério sul e que seu hemisfério norte é bem mais fino, com apenas 35 quilômetros. As razões dessa dicotomia são desconhecidas, mas acredita-se que um grande impacto pode ter ocasionado tamanha disparidade.

Também há a crença de que o planeta tenha um núcleo denso e um raio médio de 1.700 quilômetros. Em seu interior, especula-se que seja composto de ferro e sulfuretos de ferro, além de uma grande quantidade de enxofre.

A aparência avermelhada de Marte deve-se à grande quantidade de silicatos (minerais) naquela superfície. Em reação com o oxigênio, tais minerais oxidam, ou seja, enferrujam. O planeta apresenta uma incrível quantidade de óxido de ferro naquele chão.

8

CÂNIONS E VULCÕES

Marte tem inúmeros vulcões. Estima-se que a quase totalidade deles se encontra inativa há centenas de milhões de anos; todos eles encontram-se no hemisfério norte. Os mais espetaculares e de causar inveja a qualquer dos nossos chegam a atingir centenas de quilômetros de base e milhares de metros de altura. O *Ascraeus Mons*, o *Pavonis Mons* e o *Arsia Mons* são alguns exemplos.

Essas formações vulcânicas estão concentradas em duas regiões de Marte: *Tharsis* e *Elysium Planitia*. A primeira fica a oeste de *Valles Marineris*, uma gigantesca fossa de paredes escarpadas que se estende por 6 mil quilômetros e cuja altura média atinge 10 mil metros. A segunda encontra-se mais a leste e tem 550 quilômetros de diâmetro.

Em 1988, a sonda soviética *Fobos 2* registrou temperaturas que oscilavam em torno dos 20 graus positivos acima de outro vulcão, o *Pavonis Mons*. Uma temperatura, por sinal, surpreendentemente alta, tratando-se de um planeta tão frio. Aquele vulcão ainda estaria em atividade? Ou o fenômeno está associado à absorção da energia solar pelas rochas marcianas? Ninguém sabe ainda.

Figura 3 – Monte Olympus

Fonte: NASA/JPL

Eis o Monte Olympus, o maior vulcão conhecido do Sistema Solar. Sua cratera tem cerca de 25 quilômetros de diâmetro. Ao redor desse gigante de 24 mil metros de altura pode-se notar o deslizamento do material ejetado e que solidificou.

Outro gigantesco vulcão é o Monte *Olympus*, a mais espetacular montanha do sistema solar, situada a 1.500 quilômetros a nordeste dos vulcões de *Tharsis*. Mede mais de 600 quilômetros de base e se eleva a 24 mil metros sobre as planícies ao seu redor. No cume, a cratera colapsada forma uma caldeira de 90 quilômetros de diâmetro. Estima-se que esse gigante encontra-se extinto há um milhão de anos.

Os flancos dessas extraordinárias montanhas vulcânicas estão cobertos por sucessivas camadas de lava, provavelmente basálticas. Esse material magmático e fluido espalha-se sobre as planícies vizinhas. Admite-se que as enormes dimensões desses vulcões sejam decorrentes de uma litosfera (crosta) estável e muito espessa.

As atuais formações geológicas em Marte indicam que por lá o suposto sistema de placas tectônicas está inativo. Pelo menos é o que indica a aparente imobilidade de sua litosfera.

De acordo com datações efetuadas nas crateras situadas nos flancos e nas caldeiras vulcânicas, os vulcões da região de *Tharsis* parecem um tanto jovens e devem ter se mantido ativos por um longo período da história geológica marciana, ou seja, alguns bilhões de anos.

O monte *Olympus* e os outros três vulcões de *Tharsis* têm formato idêntico. Todos de aparência cônica e no topo um sistema de caldeiras, ou seja, crateras embutidas e formadas por sucessivos desmoronamentos em decorrência de suas erupções. Nas vizinhanças dos vulcões maiores encontram-se outros, de dimensões mais modestas, entre eles, o *Ceranius Tholus* e o *Uranus Tholus*. Este último é um pouco menor e ambos estão situados ao norte da cadeia de vulcões de *Tharsis*.

A base do *Ceranius Tholus* tem uma cratera parcialmente preenchida de material vulcânico, o que nos leva a pensar que o fim do período de atividades desses vulcões é bem recente. A oeste dessas formações existe um intrincado sistema de falhas paralelas (estrias), que se estendem por vários quilômetros até o *Alba Patera*, outro vulcão situado mais ao norte. Tais depressões alinhadas são o provável resultado de esforços tectônicos localizados e, é bem provável, abortados. Sua profundidade talvez esteja ligada ao desmoronamento do terreno, causado por correntes de água em estado líquido e pelos ventos, mas não há certeza sobre o assunto.

O Alba Patera também é um vulcão gigantesco, medindo mais de 1.600 quilômetros de diâmetro. Esse gigante mede cerca 3 quilômetros de altura em seu ponto mais alto. Há indícios de que sua lava fluiu por longos períodos de tempo, o que nos faz admitir que esse vulcão, com tais características, seja único em todo o sistema solar.

A exemplo da Lua e de Mercúrio, certas zonas de Marte, em especial no hemisfério sul, são crivadas de crateras de impacto até o ponto de saturação. Possivelmente, são as áreas mais antigas do planeta, com cerca de 4 a 4,5 bilhões de anos. No hemisfério norte também há áreas de impacto, mas em menor número e muito mais esparsas. Trata-se, sem dúvida, de terrenos mais recentes.

Em Marte, essas crateras de impacto, de diferentes dimensões, são quase duas vezes menos abundantes do que na Lua ou em Mercúrio. As três maiores são as bacias de *Hellas*, de 1.500 quilômetros de diâmetro, *Isidis* e *Argyre*.

Figura 4 – Concha Victoria

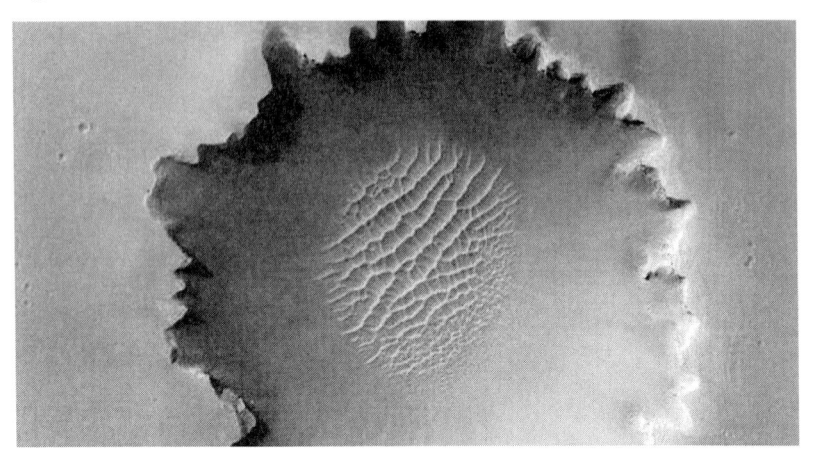

Fonte: NASA/JPL

Essa imagem da *Mars Reconnaissance Orbiter* mostra uma cratera de impacto de 800 metros de diâmetro, localizada ao sul do equador marciano. Erosão e deslizamento de rochas criaram a borda característica da concha Victoria. O fundo da estrutura é dominado por dunas de areia.

Marte também tem seu cânion, localizado na região equatorial e, indiscutivelmente, um de seus traços morfológicos mais imponentes e espetaculares. Trata-se do *Valles Marineris*, um incrível sistema de fraturas que rasga o planeta no sentido leste-oeste. Essa gigantesca cicatriz, provavelmente criada a partir de um violento e súbito fluxo de água, começa na região de *Noctis Labyrinthus* e é formada por um complexo sistema de canais bastante escarpados.

Em sua parte central, o *Valles Marineris* é formado por vários outros cânions paralelos, dispostos, por sua vez, ao longo de vastas depressões. Essas impressionantes fossas vão encontrar-se no centro desse monumental sistema, numa região denominada *Melas Chasmas*, uma depressão de 160 quilômetros de largura. A leste, o *Valles Marineris* junta-se a outra imensa depressão, o *Capri Chasma*, abarrotada de grandes blocos rochosos e formada de materiais diversos (*Valles Marineris* seria, talvez, o resultado inicial de um desmoronamento da parte superior do platô). Em seguida, os vales que o compõem parecem ter sido escavados pela erosão e por sucessivos deslizamentos de terreno. Ao que tudo indica, esses deslizamentos são mais ou menos recentes e talvez ocorram até hoje.

A superfície da Terra é composta de placas que se sobrepõe e, frequentemente, se encaixam mal, cobrindo o interior derretido. Essas placas formam uma crosta semelhante a uma casca de ovo, fina e quebradiça. Batem-se e se atritam continuamente; de vez em quando se afastam, como acontece atualmente na Islândia, dando origem a terremotos, vulcões e cordilheiras ocultas sob os oceanos. Atualmente, ninguém sabe se Marte tem ou já teve placas semelhantes às da Terra, caso já tenham existido nem como elas funcionavam.

A sonda Mars Global Surveyor revelou ao mundo uma face de Marte até há bem pouco tempo desconhecida. Suas câmeras registraram a existência de múltiplos sistemas de canais – muito parecidos com leitos secos de rios ou vulcões que ainda podem estar ativos. O que significa tudo isso? Que o planeta vermelho já foi geologicamente muito mais dinâmico do que é hoje? Há fortes evidências nesse sentido.

Além dos inúmeros e variados aspectos topográficos, a superfície de Marte é caracterizada por uma acentuada assimetria entre os dois hemisférios. Do ponto de vista morfológico, isso se deve à existência de terrenos antigos, bastante marcados pela presença de numerosos impactos de meteoritos ou de núcleos cometários. Esses terrenos meridionais guardam uma grande semelhança com as chamadas terras lunares, assim como com as planícies mais jovens e pouco craterizadas, ao norte do planeta. Porém é no hemisfério sul marciano em que estão localizadas as grandes bacias, semelhantes às da Lua. Topograficamente, esses contrastes manifestam-se por uma acentuada diferença de altitude entre os dois hemisférios marcianos. O hemisfério norte é bem mais baixo do que a metade sul do planeta.

Figura 5 – Chasma Boreale

Fonte: NASA/JPL

A cada estação marciana e ao longo de anos alternando o leito de *Chasma Boreale*. Na forma de um arco que se estende por 570 quilômetros, esse vale contrai-se 35 quilômetros no mínimo e distende-se até 120 quilômetros de largura.

As grandes planícies marcianas, situadas ao redor da calota polar norte, via de regra são de dois a três quilômetros mais baixas do que os terrenos antigos do hemisfério meridional. Essa variação de altitude verifica-se numa distância de apenas algumas centenas de quilômetros. Aliás, é mais ou menos a mesma distância existente entre os continentes e as bacias oceânicas da Terra. Tal assimetria poderia corresponder a uma diferença de espessura da crosta marciana, como ocorre em nosso planeta, onde a crosta continental atinge entre 30 e 50 quilômetros de espessura contra apenas 6 ou 8 quilômetros da crosta oceânica.

O limite entre os terrenos antigos, bastante craterizados, e as planícies recentes do hemisfério norte, constitui um dos traços mais evidentes e dominantes da superfície de Marte. Os terrenos antigos representam a crosta primitiva do planeta, por certo muito bombardeada desde a sua formação, e neles podemos observar duas grandes populações de crateras de impacto.

A primeira delas é formada por crateras que apresentam um diâmetro médio superior a 20 quilômetros. A segunda, constituída por um conjunto de crateras menores, localizadas em terrenos mais conservados. O primeiro grupo é mais antigo, produzido no início da história geológica de Marte. As crateras mais recentes correspondem, portanto, ao término dessa primeira fase e devem datar de mais ou menos 4 bilhões de anos.

Entre as numerosas crateras, os terrenos antigos têm uma grande rede de canais que termina de modo abrupto nos limites das regiões recobertas por formações de planícies recentes. Esses canais são o resultado provável dos desmoronamentos da superfície. Imagina-se que esses gigantescos deslizamentos de terra também devem ter acontecido na primeira fase de Marte.

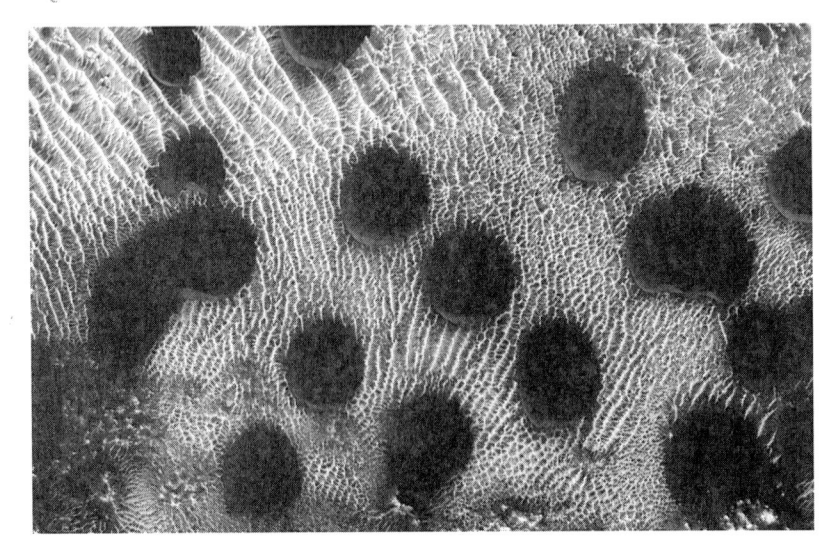

Figura 6 – Cratera Erebus

Fonte: NASA/JPL

A sonda *Opportunity* enviou essa imagem: o acúmulo de finas camadas de rocha numa prateleira denominada *Payson*, na extremidade oeste da cratera *Erebus*, no meridiano *Planum de Marte*. Tais estruturas parecem ser o resultado de uma combinação de processos provocados por ventos e água.

As primeiras imagens do planeta vermelho, obtidas pelas *Mariner* e *Viking*, nos anos de 1970, já revelavam traços geológicos supostamente esculpidos pela água. Tais formações incluíam gigantescos canais, talvez abertos por enchentes catastróficas, e sistemas de vales parecidos com as bacias de drenagem dos grandes rios terrestres.

Ao longo de anos, a *Mars Global Surveyor* – em órbita de Marte desde 1997 – revelou de forma surpreendente a presença de canais pequenos e, pelo que parece, jovens, nas paredes de algumas crateras e cânions. Evidência inequívoca de água no passado? É possível. Mas não necessariamente por longos períodos. É concebível que a água das enchentes possa ter drenado apenas alguns dias ou semanas naquela superfície antes de congelar, ter sido absorvida pelo solo ou mesmo evaporado.

Figura 7 – Valles Marineris

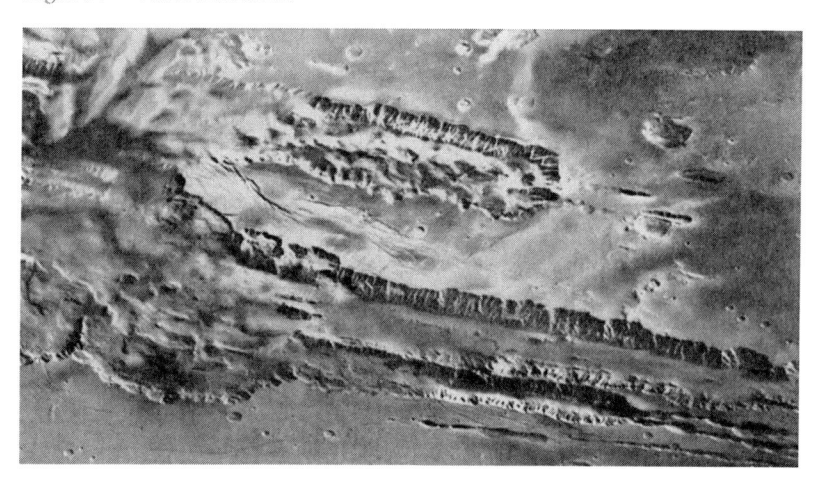

Fonte: NASA/JPL

Valles Marineris, um gigantesco "rasgo" na superfície marciana. Formado através do afastamento de placas tectônicas? Ninguém sabe ao certo. É considerado o maior complexo de desfiladeiros do Sistema Solar, com mais de 600 km de largura e que chegam a atingir até sete km de profundidade.

Os vales marcianos poderiam ter sido formados da erosão provocada pelo fluxo subterrâneo de água – processo conhecido como solapamento – e não como resultado do movimento de água na superfície. Da mesma forma, as ravinas – depressões no solo – que aparecem nas imagens da *MGS* podem resultar de água corrente no subsolo, abaixo do gelo ou mesmo em depósitos de neve subterrâneos.

Uma das descobertas mais sensacionais é um tipo de formação semelhante aos deltas das desembocaduras dos rios. O exemplo mais representativo, também registrado pela *MGS*, encontra-se no final de uma rede que escoa para a cratera Eberwald, a sudeste do sistema de *Valles Marineris*. Esses canais terminam num leque estratificado, com 10 quilômetros de largura, caracterizado por meandros entrecortados que mostram vários estágios de erosão. Para muitos geólogos planetários, essa estrutura parece ter nascido após um antigo rio ter escavado cursos alternativos em meio aos depósitos de sedimentos.

Tal sistema de leques não foi o único descoberto na superfície de Marte. Imagens de satélites revelaram outros. A hipótese de que sejam deltas fluviais marcianos é estimulante. Mas a questão permanece: por quanto tempo a água fluiu naquele mundo? Somente amostras de rochas desses sítios – e sua respectiva análise – poderiam dar-nos uma resposta.

Figura 8 – Kasei Valles

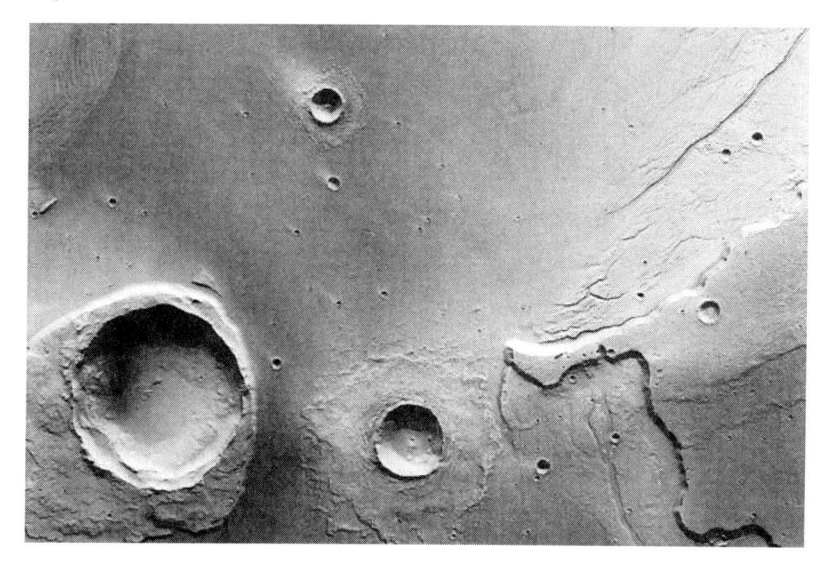

Fonte: NASA/JPL

Marcas de antigas inundações. A *Mars Express* fotografou, em agosto de 2006, um dos maiores canais de escoamento do planeta vermelho, o *Kasei Valles*, no sul de Marte. Provavelmente, inundações ocorridas no início da história do planeta formaram os 500 quilômetros do vale e, depois, a atividade glacial modificou o terreno.

9

VIDA EM MARTE?

Quando a sonda americana Mariner 4 da Nasa circulou pelos arredores de Marte, em 1965, revelaram-se dois fatos chocantes: a atmosfera do planeta vermelho praticamente inexistia e a possibilidade de haver viva por lá era remotíssima.

No entanto havia uma indisfarçável esperança. A discutida promessa de vida biológica em Marte não estava por inteiro descartada. Pelo menos até a chegada das *Vikings* àquele mundo, em 1976.

A presença de vapor de água na atmosfera marciana era coisa conhecida havia muito tempo. O fato, pois, mantinha os cientistas em discreta expectativa quanto à possibilidade de ser encontrada alguma forma de vida microscópica no planeta, afinal, existia água naquele solo – embora permanentemente congelada – até as latitudes equatoriais. Restava a sua análise.

Apesar das condições adversas, os módulos dos robôs estavam equipados com pequenos laboratórios capazes de realizar experiências variadas e complexas. O objetivo daquela delicada missão era o de detectar qualquer tipo de atividade que pudesse estar associada à vida.

No primeiro teste, denominado Experiência de Liberação Pirolítica, uma pequena amostra do solo foi banhada em luz e mantida em contato com uma amostra de carbono levada da Terra. No caso do solo terrestre, que contém células vegetais de todo tipo, essas, na presença da luz, absorveriam o dióxido de carbono e o incorporariam aos seus tecidos. Se o dióxido de carbono fosse liberado e o solo aquecido a uma alta temperatura, os compostos de carbono do solo decompor-se-iam e, então, seria produzido o dióxido de carbono. Essa foi a primeira experiência efetuada no solo de Marte. Resultado: foi detectado o carbono 14 no momento certo, o que significava que as amostras daquele solo comportaram-se como se tivessem células vivas.

Syrtis foi a primeira formação documentada em um outro planeta. Seu nome foi escolhido por Giovanni Schiaparelli, quando criou um mapa baseado em dados obtidos durante uma aproximação de Marte em 1877

Seguiu-se outro teste, chamado Experiência de Liberação Classificada. Nele, as amostras foram tratadas com uma solução de elementos químicos contendo carbono 14 na água. Se não houvesse vida no solo não haveria a consequente liberação de gases contendo carbono 14. Um misto de hesitação e surpresa tomou conta dos responsáveis pelos aspectos científicos da missão quando ficou provado que havia efetiva liberação de gases. Em outras palavras, o carbono 14 foi detectado uma vez mais.

Enfim, foi realizada a experiência da troca de gases. Na Terra, como sabemos, os organismos vivos trocam gases com a atmosfera continuamente. Aqui, absorve-se oxigênio e libera-se dióxido de carbono. Nossas plantas verdes, por meio da utilização da energia solar, absorvem o dióxido de carbono e liberam o oxigênio. No último experimento no solo de Marte, as amostras foram umedecidas e a elas foram adicionados elementos químicos necessários à vida. A atmosfera acima do solo foi testada e descobriu-se que havia troca de gases. O oxigênio foi liberado com rapidez, e isso não teria acontecido se as amostras não tivessem sido aquecidas antes.

O resultado das três experiências foi mais ou menos o esperado. A dúvida, no entanto, persistiu, como poderia existir vida em Marte se não havia componentes em seu solo? Talvez fosse devido à grande quantidade de radiação ultravioleta que atinge a sua superfície. É bom lembrar que a atmosfera marciana é bastante rarefeita e responsável pela decomposição das moléculas orgânicas. Nem mesmo uma porção de amostras recolhida debaixo das rochas – e que, portanto, não estavam expostas à luz ultravioleta – mostrou qualquer sinal da presença de material orgânico.

O caráter não conclusivo das experiências efetuadas pelas *Vikings* prende-se ao fato de que, uma vez não tendo sido encontrados compostos orgânicos, logo nenhuma vida, como poderiam ser explicados os resultados positivos dos testes quanto à vida? Aventou-se a hipótese, defendida por alguns cientistas e encarada com reserva por outros, de que talvez a luz ultravioleta que atinge em cheio a superfície de Marte produza peróxidos, compostos químicos que não se encontram no solo terrestre. De acordo com alguns especialistas, esses peróxidos podem ter o mesmo comportamento dos organismos vivos, o que justificaria ou talvez explicasse os resultados positivos obtidos naquelas três experiências.

Do que foi dito, o que foi possível extrair é que o solo marciano tem uma química bastante curiosa. O desafio e a dúvida, portanto, persistem. De qualquer maneira, a questão sobre a possibilidade da existência de micro-organismos naquele planeta não deve se esgotar por aqui.

Há muitos milhões de anos, Marte vem sendo bombardeado por asteroides que marcaram sua superfície com crateras de todo tipo e tamanho. Esses bólidos, sem rumo, oriundos de um cinturão desorganizado, acabam se chocando com aquele solo com uma força enorme. A gravidade do planeta, como vimos, é muito baixa, e esses impactos fazem com que alguns desses pedaços de rochas acabem escapulindo para o espaço. Em 1984 foi encontrado na Antártica um dos 15 meteoritos de origem comprovadamente marciana – o ALH 84001. De longe, a pedra mais interessante e famosa oriunda do planeta vermelho, uma espécie de vedete dos céus.

Figura 9 – Syrtis

Fonte: NASA/JPL

A imagem nos mostra a calota polar norte marciana; à esquerda, a região de Tharsis e seus vulcões.

De maneira geral, os meteoritos marcianos, em sua composição química, assemelham-se aos basaltos terrestres, ou seja, um dos materiais rochosos mais simples e mais comuns. Mas a polêmica em torno do ALH 84001 teve uma razão especial: em 1996, pesquisadores da Nasa revelaram ter encontrado possíveis evidências de atividade biogênica naquele fragmento de rocha alienígena. Estaria ali uma prova inequívoca da existência de vida primitiva em Marte? Ou, então, uma inquietante certeza: aquele meteorito oferecia a evidência de que a Terra não era o único lugar no sistema solar onde a vida se desenvolvera.

Na época, a notícia causou sensação em todo o mundo, além de indisfarçável perplexidade no meio científico. Opiniões dividiram-se, é claro, e o debate a respeito do assunto ainda parece longe de estar esgotado. Aos mais cautelosos, uma quase certeza, ou seja, os tão badalados micróbios marcianos ainda não passam de simples hipótese.

A sonda Phoenix pousou naquela superfície, ou mais precisamente no círculo polar norte, em 2008... e foi confirmada a existência de água naquele mundo. Água congelada e muito encontrada no solo marciano, chamado regolito.

Todas essas questões, como vemos, ainda permanecem em aberto. A vida poderia ter existido em Marte, em algum momento do passado? Até agora não existem respostas realmente concludentes ou satisfatórias. Sequer sabemos como a vida surgiu na Terra. A única certeza, ou quase certeza, é que a vida já se encontrava presente em nosso planeta há 3,5 bilhões de anos e que a presença de água líquida foi um fator determinante. E mais, que a vida na Terra soube adaptar-se às condições primitivas mais adversas.

Hoje se diz que a existência de micro-organismos nos primórdios do nosso planeta teve sua origem nas moléculas orgânicas trazidas pelos cometas. Seria verdade? No caso de Marte, a questão que se coloca é a seguinte: a provável existência de oceanos líquidos que fossem criadas algum tipo de vida. Se a resposta for positiva, outra pergunta parece impor-se: os oceanos marcianos teriam existido durante tempo suficiente para que a vida pudesse lá se desenvolver? Se a resposta ainda for positiva, resta-nos a esperança de que micro-organismos possam, de fato, ser encontrados naquele planeta. Onde? Os locais mais prováveis seriam o fundo das grandes depressões do hemisfério norte marciano, regiões sempre protegidas dos raios ultravioletas oriundos do Sol. Em outras palavras, nas atuais condições, qualquer molécula orgânica complexa seria destruída no solo de Marte. Talvez tenha sido essa a razão do resultado insatisfatório das experiências realizadas naquela época.

Recentes pesquisas sobre a modelagem climática em Marte levam-nos a uma reflexão possível sobre a composição e a aridez daquele solo. Hoje em dia, sabemos que Marte é formado por rocha sólida, por mais que o núcleo seja constituído por rocha e ferro fundido. Em outras palavras, o ferro é um dos elementos preponderantes.

Figura 10 – Perseverance

Fonte: NASA/JPL

Depois de uma viagem de 470 milhões de quilômetros, o rover Perseverance pousava naquele solo no dia 18 de fevereiro de 2021. Seu objetivo mais importante é a busca de vestígios de vida antiga no planeta vermelho. O local escolhido de pouso foi a cratera Jezero, formada pelo impacto de um meteorito há cerca de 3,9 bilhões de anos.

10

DUAS PEDRAS

Desde a invenção do telescópio, dois séculos e meio passaram sem que fosse encontrado qualquer satélite de Marte. Outros satélites, de outros planetas bem mais distantes, foram descobertos durante esse longo período. Os primeiros foram os satélites de Júpiter, avistados por Galileu em 1610, uma das primeiras e mais importantes descobertas feitas por meio do novo instrumento. Seguiu-se o primeiro satélite de Saturno, entrevisto por Huygens em 1655, e vários outros do mesmo planeta, pouco tempo depois.

Após a descoberta de Urano, em 1781, por William Herschel, seis anos transcorreram até que ele próprio descobriu mais dois companheiros desse planeta. Netuno teve a sua vez, poucas semanas após ter sido achado, em 1846; um dos seus satélites foi revelado naquela mesma época.

E Marte? Bem, suas duas pequeninas luas apresentam uma história diferente e curiosa. Inicialmente porque ambas pertencem ao clube fechado de corpos celestes cuja existência foi predita bem antes de serem vislumbrados. E aqui, uma vez mais, o planeta vermelho vê-se envolvido em histórias e lendas.

A mera predição da existência de um satélite é, em si, algo singular. Até hoje os cientistas não têm uma fórmula referente às distâncias entre os planetas e seus respectivos satélites. Uma lua, a menos que tivesse uma massa e um volume consideráveis, não poderia exercer influência gravitacional sobre o seu planeta. Além disso, um satélite de tais proporções seria visível e detectável com facilidade, o que eliminaria a necessidade de predições.

Depois que Kepler anunciou sua desconfiança sobre a possível existência de satélites marcianos, eles passaram a ser mencionados de modo esporádico na literatura de ficção muito antes de serem descobertos. Jonathan Swift, o capitão do imortal Gulliver, ao relatar as fantásticas andanças de seu herói por terras imaginárias, refere-se ao enorme interesse dos habitantes de Laputa pela astronomia e a "descoberta" do par de satélites marcianos. Narra Swift: "Eles [os laputenses] descobriram ainda duas estrelas inferiores, ou satélites, que giram em torno de Marte, das quais a mais interna dista do centro do planeta exatamente três diâmetros e a mais afastada, cinco. A primeira completa sua órbita a cada dez horas, e a outra, em vinte e uma horas e meia. Assim, o quadrado dos seus tempos periódicos aproxima-se de maneira proporcional aos cubos de sua distância ao centro de Marte, o que demonstra serem governados pelas mesmas leis de gravitação que influenciam os outros corpos celestes". Profecia, dedução ou pura coincidência? A famosa obra *As viagens de Gulliver* foi publicada pela primeira vez em 1726.

Figura 11– Fobos

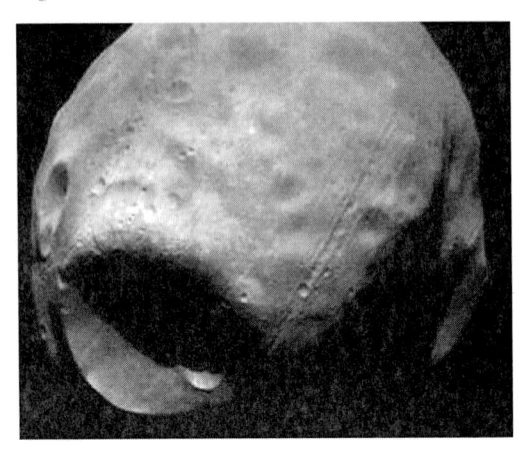

Fonte: NASA/JPL

Fobos é o maior dos dois satélites marcianos. Seu período de revolução parece estar diminuindo de maneira lenta, mas gradual. A causa do fenômeno talvez esteja associada ao leve atrito da atmosfera marciana, que estaria subtraindo energia da pequenina lua. No primeiro plano vê-se a cratera *Stickney*.

Em 1750, em seu divertido *Micrômegas*, Voltaire refere-se a gigantescos seres provenientes de Saturno e da estrela Sirius. Em sua visita à Terra, onde se maravilharam com as loucuras dos homens, eles puderam observar os dois satélites do planeta Marte.

Embora há muito tempo já existissem na imaginação de vários autores, as luas marcianas teimavam em esconder-se dos astrônomos. Um jogo de esconde-esconde que se prolongou até meados do século 19. Em 1877, nada menos de 18 satélites de outros planetas já eram conhecidos. Apenas naquele ano, durante uma oposição particularmente favorável, é que seria resolvida a charada em torno dos esquivos satélites de Marte.

O autor da proeza foi o astrônomo americano Asaph Hall, falecido em 1910. "Minha pesquisa para encontrar um satélite começou no início de agosto de 1877. Primeiramente, meu interesse foi dirigido para alguns objetos de pouco brilho, a certa distância do planeta; mas foi constatado que se tratavam de estrelas fixas. A 10 de agosto, comecei a examinara a região próxima a Marte e dentro do esplendor de luz em volta dele. Nessa noite, não consegui achar nada. A imagem do planeta era oscilante e as luazinhas nesse momento achavam-se muito próximas dele e, portanto, não poderiam ser vistas. A busca em torno de Marte repetiu-se várias vezes na noite do dia 11 daquele mês. Às duas e meia da manhã, avistei um tênue objeto no bordo de fuga do planeta, ou seja, do lado oposto ao seu deslocamento. Achava-se um pouco ao norte e mais tarde foi confirmado como sendo o satélite mais externo. Mal tive tempo de manter a observação, quando um nevoeiro proveniente do Potomac interrompeu o trabalho. O tempo nublado persistiu por vários dias. Na madrugada do dia 15, o tempo clareou e a pesquisa pôde continuar. Infelizmente, a atmosfera achava-se em más condições e não pude mais avistar o objeto. No dia seguinte, ele foi localizado mais uma vez, no lado oposto ao deslocamento do planeta, e as observações dessa noite confirmaram que se deslocava junto a Marte. No dia 17, enquanto esperava e observava o satélite externo, descobri a luazinha interna. As observações dos dias 17 e 18 de agosto deixaram claro a natureza daqueles objetos e as descobertas foram publicamente anunciadas pelo Almirante Rodgers".

Fobos e Deimos foram assim batizados por seu descobridor em homenagem aos companheiros de Marte, o deus da guerra para os romanos. São, sem dúvida, os dois satélites mais singulares do sistema solar e diferem bastante de todas as outras luas, a começar pelos seus tamanhos. Fobos, o mais próximo de Marte, tem um diâmetro aproximado de 22 quilômetros, enquanto Deimos, o mais afastado, não ultrapassa os 11,5 quilômetros. Portanto dois minúsculos corpos celestes que, na verdade, merecem muito pouco nominação de astros.

Figura 12 – Deimos

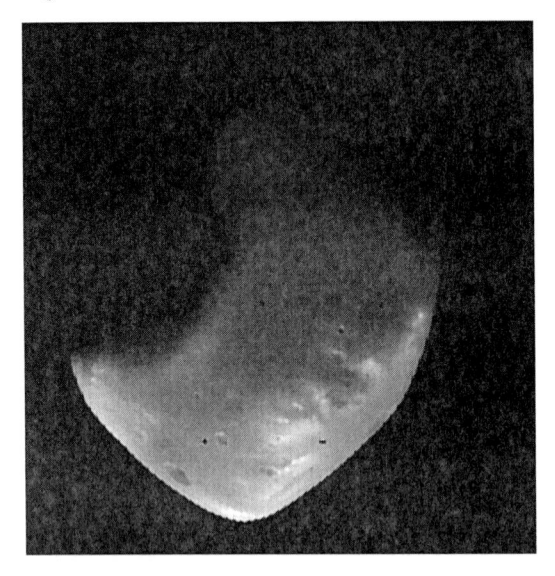

Fonte: NASA/JPL

Deimos tem quase a metade de seu irmão Fobos. É uma luazinha curiosa, bem mais lisa do que o outro satélite e igualmente muito escura. Não apresenta estrias na sua superfície coberta de poeira. Aqui e ali, uma ou outra cratera de impacto, nenhuma com mais de 3 quilômetros de diâmetro.

Fobos não chega a afastar-se 10 mil quilômetros de Marte e realiza uma revolução completa ao redor dele em sete horas e meia. Ou seja, pouco menos de um terço do dia marciano, o que faz com que essa pequena lua cruze o céu marciano pelo menos duas vezes por dia. É o único satélite, em todo o sistema solar, que circula em volta do seu respectivo planeta em menos tempo que este leva para completar um giro sobre o seu eixo. Deimos encontra-se a cerca de 23 mil quilômetros de Marte e seu giro orbital leva 30 horas e 14 minutos. Ambas as luas giram em volta de Marte no sentido direto.

Acredita-se que Fobos seja um asteroide capturado, com uma história geológica diferente da marciana. Fobos é um lugar estranho até para os padrões marcianos. Se você estivesse na superfície de Marte e olhasse para o alto, Fobos pareceria ter cerca de metade da lua terrestre. Se você viajasse até Fobos e olhasse para o alto, veria Marte ocupando quase metade do céu; pareceria que você estava prestes a cair sobre a superfície marciana. Se olhasse para baixo, veria que a superfície de Fobos se assemelha a uma rocha escura fortemente sulcada e estriada, marcada por uma cratera com quase um terço do tamanho total do satélite, a cratera Stickney.

A exemplo da Lua e da maioria dos outros satélites, Fobos e Deimos têm uma rotação sincrônica ao redor do planeta primário, ou seja, o período de rotação sobre os seus eixos é igual aos seus períodos de revolução em torno de Marte. O resultado disso é que ambos apresentam sempre o mesmo lado para Marte.

A origem e a formação desses minúsculos satélites ainda não foram devidamente esclarecidas. O assunto permanece como mais um tema de especulação sobre essa pequena família do espaço. As luas de Marte seriam satélites naturais (apesar do tamanho), asteroides capturados ou satélites artificias? Até mesmo essa última hipótese já foi sugerida e debatida. A enorme diferença de composição química entre as superfícies de Marte e de seus satélites torna muito difícil a hipótese de que tenham sido criados ao mesmo tempo. Alguns cientistas concordam que Fobos e Deimos foram formados na região externa do cinturão de asteroides e mais tarde capturados por Marte. Ambos, no entanto, têm características que nos lembram uma mesma origem. Mas a ideia de uma única procedência para esses satélites não exclui controvérsias e algumas disputas.

Fobos e Deimos são os corpos mais escuros do sistema solar, mais ainda do que alguns asteroides do cinturão interno. Ambos apresentam uma coloração acinzentada, bastante carregada, e não refletem mais do que 5% da luz recebida do Sol. Tal circunstância, combinada à baixa densidade, indica que eles têm apenas duas composições possíveis: basalto vesicular ou meteorito carbonado.

Dada a sua baixíssima gravidade, a velocidade de escape de Fobos é de apenas 121 metros por segundo e a de Deimos é mais ou menos a metade disso. As duas luazinhas apresentam-se pontilhadas de crateras de diferentes tamanhos, decerto produzidas por impactos de meteoritos. Considerando-se as dimensões desses buracos e por tratarem-se de astros muito frios, fica quase excluída a possibilidade de que tenham sido formados por vulcões.

Deimos e Fobos estão longe de ostentar uma forma esférica. Ao contrário, mostram uma grande discrepância entre seus respectivos eixos maiores e menores. O resultado disso é seu estranho aspecto, que faz lembrar duas gigantescas batatas deformadas. A baixa densidade desses satélites indica que provavelmente sejam formados de material rico em elementos leves, como os que constituem os meteoritos primitivos. Existiria água em seus respectivos subsolos? Nenhum dos dois reteve qualquer tipo de atmosfera e tampouco apresentam qualquer atividade geológica interna.

Tanto em Fobos como em Deimos não foram encontrados nem água em estado líquido, nem vales fluviais, ou sequer quaisquer traços de enrugamento em suas superfícies. Fobos, entretanto, tem algumas ranhuras isoladas e campos de sulcos paralelos de 200 metros de largura. Tais características abrangem grande parte da escura superfície dessa lua.

Alguns desses sulcos parecem partir da cratera *Stickney*, a maior delas, com cerca de 9 quilômetros de diâmetro – um terço da extensão maior do satélite. Além disso, Fobos apresenta, a intervalos regulares, fileiras ou grupos de cavidades paralelas que cobrem completamente o pequenino astro e medem de 50 a 200 metros de diâmetro cada uma. No início imaginou-se tratarem-se de crateras de impacto secundárias, talvez produzidas pela queda de detritos. A grande proximidade entre elas e o fato de seus contornos serem irregulares e não circulares deixam muitas dúvidas sobre sua origem e formação.

Deimos, ao contrário de seu irmão, não tem quaisquer dessas características em sua superfície. Nela, não vemos nem sulcos, nem ranhuras, muito menos as estranhas fileiras de buracos. Em seu solo, assim como no fundo de suas crateras, parece existir uma considerável camada de poeira escura, que cobre por completo o pequenino astro.

Em julho de 1988, do centro de lançamento de foguetes em Baykonur, na antiga União Soviética, duas sondas – *Fobos 1 e 2* – iriam bombardear com raios lasers a superfície do satélite do mesmo nome. O principal objetivo da missão era a busca de novas informações sobre o processo de formação do sistema solar. Além, é claro, da confirmação ou não da existência em Marte e em suas luas de elementos que pudessem conter água ou carbono, base da vida.

Os especialistas esperavam que a intensa descarga de raios lasers seria suficiente para provocar densas nuvens de partículas, que seriam recolhidas por um dispositivo especial. Os instrumentos científicos a bordo determinariam a composição espectrográficas dessas partículas e os resultados seriam enviados à Terra. A operação deveria ser repetida uma centena de vezes, enquanto os robôs permanecessem em volta de Fobos.

Por infelicidade, nada disso aconteceu. O destino final das sondas seria um silêncio cercado de mistério. Dois meses após seu lançamento, a *Fobos 1* deixou de enviar qualquer sinal para nós. A *Fobos 2* teve melhor sorte que sua irmã gêmea. Antes de sua máxima aproximação do satélite – 190 quilômetros –, além de inúmeros dados sobre Marte e do próprio *Fobos*, a sonda soviética chegou a enviar importantes observações sobre a atividade solar e o meio interplanetário. O fato, sem dúvida, viria atenuar em parte o sabor de fracasso experimentado a partir do último adeus das *Fobos 1* e *Fobos 2*.

11

INVASÃO ROBÓTICA

Até o momento, apenas missões não tripuladas alcançaram o planeta vermelho. A partir de meados da década de 70 havia começado a verdadeira *caçada* a Marte. Antes, muito pouco ou quase nada se sabia sobre a sua história geológica e características físicas. Algumas das expedições marcaram época e, de fato, fizeram história. No entanto, ao longo do tempo, incluindo missões destinadas a Marte, tanto dos Estados Unidos, Europa, URSS e mais e, há pouco tempo, da China, 70% delas apresentaram algum problema significativo ou grandes imprevistos. Nesse sentido, os fracassos foram pesados e irreversíveis.

O primeiro deles e o mais lamentado ocorreu com a *Mars Observer*, em agosto de 1993. Após três dias na órbita marciana, o engenho automático simplesmente silenciou e perdeu o contato com a Terra. Seis anos depois aconteceu outro episódio de fracasso no casamento da Nasa com o nosso vizinho. Outros acontecimentos desastrosos viriam a se suceder: a *Mars Climate Orbiter* e a *Mars Polar Lander* também falharam, ambas lançadas em 1998.

No início do novo século, em 2003, os europeus também protagonizaram outro exemplo de frustração, com a *Beagle 2*, do Reino Unido e da Agência Espacial Europeia (ESA). O engenho automático – a primeira missão inteiramente europeia – viria a falhar ao desembarcar naquele mundo: a metade de seus painéis solares em funcionamento não conseguiram desdobrar-se.

A nave *Viking 1* foi o primeiro artefato humano que pousou naquele mundo, no final dos anos 70. Lançada em 20 de agosto de 1975, alcançou o planeta vizinho apenas um ano depois, em 19 de junho de 1976. A sonda estava equipada com equipamentos científicos destinados ao estudo da biologia, da química, da geologia e da meteorologia marcianas. No ano seguinte foi a vez da *Viking 2* alcançar Marte.

As duas sondas eram idênticas e enviaram para a Terra milhares de fotos do planeta, além de dados científicos daquela superfície, até aquela época tão pouco conhecida. Aqueles engenhos automáticos realizaram alguns experimentos biológicos visando encontrar possíveis vestígios de vida. O maior êxito dessas primeiras incursões foi a descoberta de uma atividade química no solo marciano, embora não tenha sido possível encontrar a presença de micro-organismos ou bactérias fossilizadas por lá.

A missão seguinte, na época, foi uma das que mais se destacaram na história da exploração do planeta. Lançada em dezembro de 1996, ela foi muito bem-sucedida, graças, em parte, a um novo avanço tecnológico: o recurso de um robô – denominado *Sojourner* – capaz de circular naquele chão pedregoso e colher grande quantidade de amostras. Ao longo de três meses – até fins de setembro de 1997 – a *Pathfinder* continuou enviando mensagens e dados daquele mundo semidesconhecido: foram cerca de 2,3 bilhões de bits de informações e mais de 16 mil imagens da paisagem marciana, além de uma dezena de análises químicas de rochas e do solo.

Essas informações pioneiras apontavam que Marte, em seu passado geológico, era quente e úmido, além de ter tido água em estado líquido e uma atmosfera bem mais densa do que a atual.

Outro salto foi realizado com o lançamento em 7 de novembro de 1996 da *Mars Global Surveyor*. A missão do robô automático da Nasa teria a duração de cerca de três anos, mas foi estendida por quase uma década. Os objetivos principais dessa missão eram o mapeamento global do planeta, a minuciosa varredura de sua atmosfera e as detalhadas medições de seu campo magnético.

Imagens de canais e depósitos, captados pela *MGS*, enfim sugeriam que a água, em estado líquido, pode estar aflorando na superfície do planeta. As informações enviadas por rádio pareciam indicar que a água líquida deve estar escondida logo abaixo da superfície, em lençóis subterrâneos de duas a três vezes maiores do que os cientistas podiam supor. O altímetro a laser da *MGS* foi ainda mais longe: registrou (ou confirmou) claros indícios de que, no passado, existiram verdadeiros oceanos de água líquida em Marte. Tais evidências foram consideradas ponto de partida de uma nova fase na busca de vida no planeta vizinho.

A questão que se impõe atualmente é se Marte pode, de fato, abrigar seres primitivos, como micro-organismos ou bactérias. A resposta definitiva é uma questão de tempo. A *MGS*, seus sensores, suas imagens de altíssima resolução e suas descobertas foram, sem dúvida, um dos grandes e exitosos projetos da agência americana.

A noite de 4 de julho de 1997 marcou o início de uma nova etapa da conquista de Marte. No silêncio da madrugada marciana, pousava naquele solo pedregoso e gélido a sonda americana *Mars Pathfinder*, após uma viagem de quase seis meses. O local escolhido pela Nasa para sua primeira missão robotizada ao planeta foi *Ares Vallis*, uma extensa planície arenosa.

Tudo indicava que num passado remoto ali corria um rio – ou vários rios. Ao redor da sonda-mãe e do *Sojourner* (um pequeno veículo do tipo rover), foi logo identificada uma grande quantidade de rochas de todos os tipos e cores, de composições muito diferentes entre si. Teriam sido arrastadas pela imensa massa líquida que deu origem àquele grande vale fluvial? Algumas elevações, de até centenas de metros de altura, ocupavam toda aquela paisagem cor de tijolo e deserta. Desde as primeiras fotografias enviada à Terra ficou evidente que a sonda havia pousado numa região onde, no passado, devia existir pelo menos um rio muito caudaloso.

Um dos cientistas da missão lembrou que um rio daquele tipo na Terra encheria todo o Mediterrâneo. Segundo a opinião dos especialistas da Nasa, esse gigantesco rio estava em plena atividade de 1 a 3 bilhões de anos atrás. Até aí, nada de muito novo no que já se sabia por meio das fotos enviadas pelas *Vikings* duas décadas antes.

Lançada em abril de 2001, a sonda americana *Mars Odyssey* fez uma descoberta sensacional: um colossal volume de água escondida no subsolo marciano. Grandes depósitos de gelo em seus polos, alguns a apenas um metro daquela superfície. Um grande estímulo, sem dúvida, para futuras viagens do homem até aquele planeta.

Outra missão para Marte já estava prevista para 2003. Dessa vez, seria um consórcio europeu o responsável pela invasão do planeta enferrujado. A *Mars Express* – 17 anos em órbita de Marte – foi a responsável pela maior varredura da atmosfera do planeta. No início de 2005, suas imagens de alta resolução flagraram o que até hoje suspeita-se ser um mar gelado sob a superfície do equador marciano.

Fruto de uma parceria entre russos e europeus foi um projeto que veio alimentar novas esperanças: o *ExoMars*. A primeira etapa da missão foi o lançamento, da base russa de Baikonur (Cazaquistão), de uma nave automática, em 14 de março de 2016. Seu objetivo principal é a avaliação minuciosa do ambiente geoquímico do solo e dos gases existentes naquela atmosfera.

Após 15 anos de funcionamento e em meio a uma violenta tempestade de areia, o rover *Opportunity* parou de funcionar, no dia 10 de junho de 2018. Seu adeus definitivo encerrava, assim, uma era de grandes conquistas na exploração de Marte. O rover, com o seu parceiro *Spirit* (que ficou em atividade até fins de 2010), enviou para a Terra milhares de fotos e informações que apontavam uma evidência: Marte já foi um mundo úmido e bem diferente de como o vemos hoje.

Apenas mais pesada do que um carro comum e bem parecida com seu rover predecessor, o *Curiosity* pousou naquele solo, em meio a uma grande expectativa, no dia 18 de fevereiro de 2021, a nave *Perseverance*, a mais nova e sofisticada aposta na corrida de exploração a Marte. Depois de uma viagem de 470 milhões de quilômetros, o veículo robótico está programado para uma permanência de dois anos naquela superfície. Seu objetivo mais importante é a busca de vestígios da vida antiga no planeta vermelho.

O local escolhido de pouso foi a cratera *Jezero*, formada pelo impacto de um meteorito há cerca de 3,9 bilhões de anos. Em meio a dunas de areia, penhascos e pedregulhos, o robô automático vai à caça também de microfósseis nas rochas e nos solos marcianos. Junto a ele está o *Ingenuity*, o primeiro helicóptero (espécie de drone) a voar em outro planeta. O *Perseverance* foi o nono pouso da agência espacial americana em Marte.

A Administração Espacial da China (CNSA) anunciou ao mundo, em 2021, o seu ingresso no fechado clube de exploradores de Marte. A missão *Tianwen 1*, a primeira da China destinada a pousar naquele solo, também contava com um rover, o *Zhurong*. Após percorrer 2 quilômetros em *Utopia Planitia* – um vasto terreno que, hoje, acredita-se ter sido o leito de um antigo oceano –, o robô chinês perdeu contato com o seu orbitador. A comunidade científica chinesa rotulou a frustração e deu-lhe um nome: seu rover havia mergulhado em "modo de hibernação" e submergido no frio inverno marciano. O que aconteceu com aquele veículo chinês em Marte, no entanto, ainda é um mistério.

Devastação atómica?

BIBLIOGRAFIA SELECIONADA

Bradbury, Ray, The Martian Chronicles, Nova York Bantam 1979.

Bradbury, Ray, Mars and the Mind of Man, Nova York: Harper and Row, 1973.

Isaac, Asimov, Mars, The Red Planet.

Flammarion, Camille, La Planète Mars et ses conditions d'habitabilité. Paris, 1909.

Ley, Willy, A Conquista de Marte, Nova York, 1965.

Bara, Mike, Annunaki em Marte, Biblioteca Ufo, 2020.

Gontijo, Ivair, A Caminho de Marte, Sextante, 2018.

Petranek, Stephen L., De Mudança para Marte, Editora Alaúde, 2016.

Clarke, Arthur C, Mars and the Mind of Man, Harper & Row Publishers, Inc. 1973.